重庆彭水特色植物图鉴

杨宪 张雪 刘翔 主编

科学出版社
北京

内 容 简 介

中国地形复杂，气候多样，植被种类丰富。植物不仅对维护生态平衡和生物多样性具有重要意义，还具有重要的科研价值。国家要可持续地开发和利用植物资源，必须弄清植物的种类和组成，这就需要编研、出版国家或地区的植物相关专著。重庆彭水苗族土家族自治县，植物种类丰富且具有代表性，针对目前彭水没有植物专业书籍参考的现状，作者团队在完成当地植物资源调查、标本制作、分类整理等工作后，挑选了其中珍稀濒危植物和特色资源植物合计200种，包括石松类和蕨类植物15种、裸子植物7种和被子植物178种，从中文名、拉丁名、形态特征、生境、分布及应用价值等方面进行了描述。

本书可供农业、林业、园艺、医药、环保等行业的科技人员、管理人员，以及广大植物爱好者参考使用。

图书在版编目（CIP）数据

重庆彭水特色植物图鉴 / 杨宪，张雪，刘翔主编. -- 北京：科学出版社，2024. 11. -- ISBN 978-7-03-080147-0

Ⅰ. Q949.408-64

中国国家版本馆CIP数据核字第2024T1T064号

责任编辑：罗　静　刘新新 / 责任校对：郑金红

责任印制：肖　兴 / 封面设计：金舵手世纪

科学出版社 出版

北京东黄城根北街16号

邮政编码：100717

http://www.sciencep.com

北京市金木堂数码科技有限公司印刷

科学出版社发行　各地新华书店经销

*

2024年11月第　一　版　开本：787×1092　1/16

2024年11月第一次印刷　印张：13 3/4

字数：330 000

定价：228.00 元

（如有印装质量问题，我社负责调换）

《重庆彭水特色植物图鉴》

编委会

主　　编　杨　宪　张　雪　刘　翔

副 主 编　常　君　张植玮　邱宝利　祝连彩　何　枭

编写人员（以姓氏拼音为序）

常　君　中国林业科学研究院亚热带林业研究所
陈　阳　重庆高新区规划和自然资源局
陈义娟　重庆市巫山第二中学
丁一玲　重庆市彭水苗族土家族自治县林业局
豆俊波　重庆市彭水苗族土家族自治县林业局
何　枭　重庆三峡医药高等专科学校
李　薇　重庆市璧山区林业局
刘　翔　重庆市中药研究院
邱宝利　重庆师范大学
宋鹏阳　重庆市万盛经济技术开发区黑山自然保护区管理中心
王玉书　重庆市林业科学研究院
温晨晓　重庆市林业规划设计院
吴耀鹏　重庆五里坡国家级自然保护区管理事务中心
杨　宪　重庆师范大学
张　磊　重庆师范大学
张　雪　重庆医药高等专科学校
张植玮　重庆市中药研究院
曾　婷　重庆市武隆中学
周小雪　重庆市奉节中学
祝连彩　重庆大学

前　言

重庆彭水苗族土家族自治县，位于中国重庆市东南部，28°57′～29°51′N、107°48′～108°36′E，东西宽78km，南北长96.40km，水陆边界线总长414.90km，面积3905km^2。全县处于大娄山与武陵山系交会的褶皱地带，山岭连绵，重峦叠嶂，高低悬殊，地形复杂。地势为东北略向西南倾斜，境内山脉多为东北－西南走向，气候类型为亚热带湿润季风气候，具有丰富的生物资源。

2022年1月～2023年12月，彭水县林业局委托重庆师范大学、重庆市中药研究院和重庆医药高等专科学校，对彭水茂云山县级自然保护区、七跃山县级自然保护区、乌江·长溪河鱼类自然保护区等彭水县重点区域，开展野生植物调查，野外调查共采集腊叶标本773号2320份（保护植物采用拍照记录），涉及132科388属664种。其中，本次调查记录到《国家重点保护野生植物名录》（2021年）中的植物18种，《重庆市重点保护野生植物名录》（2023年）5种，《中国生物多样性红色名录——高等植物卷》（2020年）记载的受威胁物种22种。

本书收载了彭水县珍稀濒危植物和特色资源植物合计200种。编写分工具体如下：刘翔编写第一章石松类和蕨类植物；张植玮编写第二章裸子植物；张雪编写第三章被子植物中的大八角至青皮木；杨宪编写第三章被子植物中的喜树至彭水变豆菜。全书由杨宪、张雪和刘翔统筹排版、审稿和校正。由于编纂时间较紧，本书难免存在疏漏和不足之处，敬请广大专家读者批评指正。

本书在编写和出版过程中，得到2024年重庆师范大学学术专著出版基金、重庆医药高等专科学校、重庆市林业局的资助，在此表示诚挚的感谢！

编　者

2023年12月

目 录

1. 石松类和蕨类植物

2. 裸 子 植 物

3. 被 子 植 物

1 石松类和蕨类植物

布朗卷柏 *Selaginella braunii* Baker

卷柏科 Selaginellaceae　　卷柏属 *Selaginella*

【形态特征】土生或石生，常绿或夏绿蕨类，直立，高10～45cm，主茎长，不分枝，上部羽状，复叶状。主茎禾秆色或红色，基部具沿地面匍匐根茎和游走茎。根托生于匍匐根茎或游走茎，长2～5mm，径0.5～1mm，先端多次分叉，密被毛。分枝4～8对，2～3次羽状，分枝稀疏，主茎相邻分枝（3～）5～8（～11）cm远，分枝上下两面被毛，背腹扁，末回分枝连叶宽2.5～4.5mm。不分枝主茎的叶长，疏离，一型，长圆形，贴生，非龙骨状；主茎下部和根茎及游走茎的叶盾状着生，边缘撕裂或撕裂并具睫毛；分枝腋叶对称，长椭圆形、窄椭圆形或长圆形，长1.8～3.2mm，近全缘或具微细齿，或具短睫毛，基部无耳。孢子叶穗紧密，四棱柱形，单生于小枝末端，长5～6mm；孢子叶一型，无白边，上侧孢子叶宽卵形，边缘具细齿，下侧孢子叶宽卵形，近全缘或具细齿；大孢子叶分布于孢子叶穗的下侧。大孢子白色；小孢子叶淡黄色。

生　境	生于海拔200～1400m石灰岩石缝。
分　布	我国主要分布于安徽、重庆、贵州、湖北、湖南、四川、云南、浙江、海南等省区。在重庆，分布于南川、黔江、秀山、巫溪、彭水等地。在彭水，分布于大垭乡龙龟村、联合乡龙池村、鹿角镇王家村。
应用价值	全草入药，具有清热解毒、消肿、止咳、止血之功效。用于肝炎、黄疸、肺痨咳嗽、咯血、吐血、痔疮出血、浮肿、外伤出血、烧烫伤。

翠云草 *Selaginella uncinata* (Desv.) Spring

卷柏科 Selaginellaceae　卷柏属 *Selaginella*

【形态特征】主茎伏地蔓生，长30～60cm，禾秆色，有棱，分枝处常生不定根，叶卵形，短尖头，二列疏生；侧枝通常疏生，多回分叉，基部有不定根；营养叶二型，背腹各2列，腹叶（中叶）长卵形，渐尖头，全缘，交互疏生；背叶矩圆形，短尖头，全缘，向两侧平展。孢子囊穗四棱形；孢子叶一型，卵状三角形，全缘，具白边，先端渐尖，龙骨状；大孢子叶分布于孢子叶穗下部下侧、中部下侧或上部下侧。大孢子灰白色或暗褐色；小孢子淡黄色。

生　境	生于海拔50～1200m林下。
分　布	我国主要分布于安徽、重庆、福建、广东、广西、贵州、湖北、湖南、江西、陕西、四川、香港、云南、浙江等省区。在重庆，分布于城口、奉节、合川、缙云山、南川、酉阳、万州、彭水等地。在彭水，分布于大垭乡龙龟村、太原镇麒麟村。
应用价值	全草入药，具有清热利湿、解毒、消瘀、止血之功效。用于黄疸、痢疾、水肿、风湿痹痛、咳嗽吐血、喉痈、痔漏、刀伤、烫伤。

笔管草 *Equisetum ramosissimum* subsp. *debile* (Roxb. ex Vaucher) Á. Löve & D. Löve

木贼科 Equisetaceae　　木贼属 *Equisetum*

【形态特征】大中型植物。根茎直立和横走，黑棕色，节和根密生黄棕色长毛或光滑无毛。地上枝多年生。枝一型。高可达60cm或更多，中部直径3～7mm，节间长3～10cm，绿色，成熟主枝有分枝，但分枝常不多。主枝有脊10～20条，脊的背部弧形，具一行小瘤或浅色小横纹；鞘筒短，下部绿色，顶部略为黑棕色；鞘齿10～22枚，狭三角形，上部淡棕色，膜质，早落或有时宿存，下部黑棕色，革质，扁平，两侧有明显的棱角，齿上气孔带明显或不明显。侧枝较硬，圆柱状，有脊8～12条，脊上有小瘤或横纹；鞘齿6～10个，披针形，较短，膜质，淡棕色，早落或宿存。孢子囊穗短棒状或椭圆形，长1～2.5cm，中部直径0.4～0.7cm，顶端有小尖突，无柄。

生　　境	生于海拔0～3200m山谷沟边。
分　　布	我国主要分布于陕西、甘肃、山东、江苏、上海、安徽、浙江、江西、福建、台湾、河南、湖北、湖南、广东、香港、广西、海南、四川、重庆、贵州、云南、西藏等省区。在重庆，各区县均有分布。在彭水，各乡镇均有分布。
应用价值	地上部分入药，具有清热明目、利尿通淋、退翳之功效。用于感冒、目翳、尿血、便血、石淋、痢疾、水肿。

海金沙 *Lygodium japonicum* (Thunb.) Sw.

海金沙科 Lygodiaceae　　海金沙属 *Lygodium*

【形态特征】植株攀缘，长可达4m。叶轴具窄边，羽片多数，相距9～11cm，对生于叶轴短距两侧，平展，顶端有一丛黄色柔毛。不育羽片尖三角形，长宽10～12cm，柄长1.5～1.8cm，稍被灰毛，两侧有窄边，二回羽状；一回羽片2～4对，互生，柄长4～8mm，有窄翅及短毛，基部1对卵圆形，长4～8cm，宽3～6cm，一回羽状；二回小羽片2～3对，卵状三角形，具短柄或无，互生，掌状3裂；末回裂片宽短，中央1条长2～3cm，宽6～8mm，基部楔形或心形，顶端的二回羽片长2.5～3.5cm，宽0.8～1cm，波状浅裂，向上的一回小羽片近掌状分裂或不裂，较短，有浅圆锯齿；中脉明显，侧脉纤细，一至二回2叉分歧，达锯齿；叶干后褐色，纸质，两面沿中脉及叶脉略有短毛。能育羽片卵状三角形，长宽12～20cm，或长稍过于宽，二回羽状；一回小羽片4～5对，互生，相距2～3cm，长圆状披针形，长5～10cm，基部宽4～6cm，一回羽状；二回小羽片3～4对，卵状三角形，羽状深裂。孢子囊穗长2～4mm，长远超过小羽片中央不育部分，排列稀疏，暗褐色，无毛。

生　境	生于山坡草丛、林缘或灌木丛中。
分　布	我国主要分布于河南、陕西南部、甘肃、江苏、安徽南部、浙江、台湾、福建、江西、湖北、湖南、重庆、广东、香港、海南、广西、贵州、四川、云南及西藏等省区。在重庆，各区县均有分布。在彭水，分布于郁山镇大坝村、保家镇大河坝村。
应用价值	干燥孢子入药，具有清利湿热、通淋止痛之功效。用于热淋、石淋、血淋、膏淋、尿道涩痛。在民间，全草及茎藤也用于治疗筋骨疼痛。

铁线蕨 *Adiantum capillus-veneris* L.

凤尾蕨科 Pteridaceae　　铁线蕨属 *Adiantum*

【形态特征】植株高15～40cm。根状茎横走，有淡棕色披针形鳞片。叶近生，薄草质，无毛；叶柄栗黑色，仅基部有鳞片；叶片卵状三角形，长10～25cm，宽8～16cm，中部以下二回羽状，小羽片斜扇形或斜方形，外缘浅裂至深裂，裂片狭，不育裂片顶端钝圆并有细锯齿。叶脉扇状分叉。孢子囊群生于由变质裂片顶部反折的囊群盖下面；囊群盖圆肾形至矩圆形，全缘。

生　境	生于海拔100～1500m流水溪旁石灰岩上，或石灰岩洞底和滴水岩壁上。
分　布	广布于我国长江以南各省区，向北到陕西、甘肃和河北。在重庆，各区县均有分布。在彭水，各乡镇均有分布。
应用价值	全草入药，具有清热解毒、利湿消肿、利尿通淋之功效。用于痢疾、瘰疬、肺热、咳嗽、肺炎、淋证、毒蛇咬伤、跌打损伤、疔疮。

井栏边草 *Pteris multifida* Poir.

凤尾蕨科 Pteridaceae　凤尾蕨属 *Pteris*

【形态特征】植株高20～45（～85）cm。根茎短而直立，被黑褐色鳞片。叶密而簇生，二型；不育叶柄长2～6cm，禾秆色或暗褐色，具禾秆色窄边，光滑；叶片卵状长圆形，长6～25cm，尾状头，基部圆楔形，奇数一回羽状；侧生羽片13对，对生，斜上，线状披针形，无柄，长8～20cm，渐尖头，基部宽楔形，边缘有尖锯齿，下部1～2对通常分叉，顶生3叉羽片及上部羽片基部下延，叶轴两侧具窄翅；能育叶柄较长，羽片4～6（～10）对，线形，长10～20cm，不育部分具锯齿，基部1对有时近羽状，有柄，下部2～3对通常3叉，上部几对基部下延，叶轴两侧具窄翅；主脉两面隆起，禾秆色，侧脉明显，单一或分叉，有时在侧脉间有与侧脉平行的细条纹；叶干后草质，暗绿色，无毛。

生　境	生于海拔240～1800m旧石灰墙缝中、井边及石灰岩缝隙或灌丛下。
分　布	我国主要分布于河北、山东、河南、陕西、四川、贵州、重庆、广西、广东、福建、台湾、浙江、江苏、安徽、江西、湖南、湖北等省区。在重庆，各区县均有分布。在彭水，各乡镇均有分布。
应用价值	全草入药，味淡，性凉，能清热利湿、解毒、凉血、收敛、止血、止痢。

长叶铁角蕨 *Asplenium prolongatum* Hook.

铁角蕨科 Aspleniaceae 铁角蕨属 *Asplenium*

【形态特征】植株高20～40cm。根茎短而直立，顶端密被棕色窄边、黑褐色、全缘或有微齿牙披针形鳞片。叶簇生；叶柄长8～18cm，淡绿色，幼时与叶片疏被褐色纤维状小鳞片，后脱落；叶片线状披针形，长10～25cm，宽3～4.5cm，二回羽状，羽片20～24对，下部的对生，向上互生，近无柄，下部羽片不缩短，中部的长1.3～2.2cm，宽0.8～1.2cm，窄椭圆形，羽状，小羽片上先出，窄线形，略上弯，长0.4～1cm，宽1～1.5mm，基部与叶轴合生，具宽翅相连，全缘，上侧基部1～2片常2～3裂，裂片与小羽片同形较短，叶脉明显，略隆起，每小羽片或裂片有1小脉，先端有水囊，不达叶缘；叶干后草绿色，肉质，叶轴与叶柄同色，顶端往往延长成鞭状而生根，羽轴与叶片同色，两侧有窄翅。孢子囊群窄线形，长2.5～5mm，每小羽片或裂片1枚，着生小羽片中部上侧边；囊群盖同形，开向叶缘；宿存。

生　境	生于海拔150～1800m林中树干或潮湿岩石上。
分　布	我国主要分布于甘肃、浙江、江西、福建、台湾、湖北、湖南、重庆、广东、广西、四川、贵州、云南等省区。在重庆，各区县均有分布。在彭水，分布于鹿角镇鹿角社区。
应用价值	全草入药，具有清热解毒、消炎止血、止咳化痰之功效。用于咳嗽多痰、肺痨吐血、痢疾、淋证、肝炎、小便涩痛、乳痈、咽喉痛、崩漏、衄血、跌打骨折、烧烫伤、外伤出血、蛇犬咬伤。

大型短肠蕨 *Diplazium giganteum* (Baker) Ching

蹄盖蕨科 Athyriaceae　　双盖蕨属 *Diplazium*

【形态特征】夏绿大型林下植物；根状茎横卧，先端密被蓬松的长鳞片；鳞片褐色，披针形或线状披针形，先端线形长尾状，膜质，边缘有稀疏的小齿，并常为黑色（有时黑边不连续或不明显）；叶簇生；能育叶长达2m以上；叶柄长达90cm，直径达1cm；基部黑褐色，密被与根状茎上相同的鳞片；向上禾秆色或绿禾秆色，渐变光滑，上面有深纵沟；叶片三角形，长达1.5m，基部宽达1m，羽裂渐尖的顶部上二回羽状，小羽片羽状深裂；羽片大，15对，互生，略斜向上，多为矩圆状阔披针形；顶部羽裂渐尖，基部两对最大，长达60cm，宽达20cm，柄长2～6cm，羽状，上部的缩狭为披针形，羽裂，无柄或几无柄；小羽片达20对，互生或近对生，平展或近平展，披针形或矩圆状披针形，羽状半裂至深裂，先端渐尖或短渐尖，基部不对称；孢子囊群多呈粗短线形，自小脉基部向上可达小脉长度的2/3以上，有时甚短，生于小脉中部，在小羽片的裂片上可达7对，通常单生于小脉上侧，或在裂片基部上侧小脉，常为双生（上端常沿小脉分叉）；囊群盖成熟时褐色，膜质，外侧张开，有时早落；孢子近肾形，周壁明显，不具褶皱，表面有颗粒状纹饰。

生　境	生于海拔200～600m溪沟边阔叶林下。
分　布	我国主要分布于江西、河南、湖北、四川、重庆、贵州、云南、西藏等省区。在重庆，分布于酉阳、南川、彭水等地。在彭水，分布于绍庆街道阿依河。
应用价值	根茎入药，活血散瘀。

中华复叶耳蕨 *Arachniodes chinensis* (Rosenst.) Ching

鳞毛蕨科 Dryopteridaceae　　复叶耳蕨属 *Arachniodes*

【形态特征】植株高40～65cm。叶柄长14～30cm，禾秆色，基部密被鳞片，向上连同叶轴被黑色小鳞片。叶片卵状披针形，长26～35cm，宽17～20cm，顶部三角状尖头，三回羽状；羽片约8对，基部1（～2）对对生，有柄，基部1对三角状披针形，长10～18cm，基部宽4～8cm，二回羽状；小羽片约25对，互生，有柄，基部下侧1片披针形，略呈镰刀形，长3～6cm，羽状（或羽裂）；末回小羽片（或裂片）约9对，长圆形，长8mm，上部边缘具2～4尖齿；第二至五对羽片披针形，第六至七对羽片缩短，披针形；叶干后纸质，暗棕色，光滑，叶轴下面被小鳞片。孢子囊群每小羽片5～8对；囊群盖棕色，近革质，脱落。

生　境	生于海拔450～1600m杂木林下。
分　布	我国主要分布于浙江、江西、福建、广东、广西、重庆、四川、云南和香港等省区。在重庆，分布于石柱、南川、合川、北碚、彭水等地。在彭水，分布于连湖镇乐地社区。
应用价值	全草入药，清热解毒、消肿散瘀、止血。

蚀盖耳蕨 *Polystichum erosum* Ching & K. H. Shing

鳞毛蕨科 Dryopteridaceae　　耳蕨属 *Polystichum*

【形态特征】植株高5～15cm。根茎直立，密被披针形棕色鳞片。叶簇生；叶柄长1～5cm，禾秆色，具纵沟，密被褐棕色、边缘纤毛状披针形鳞片；叶片线状披针形或倒披针形，长5～16cm，宽1～2.6cm，一回羽状，羽片14～25对，无柄，三角状卵形或长圆形，中部的长0.6～1.5cm，宽3～5mm，基部上侧略耳状凸起，下侧楔形，具内弯尖齿牙；叶脉羽状，侧脉单一或2叉，上面不显，下面略隆起，叶纸质，两面被鳞片，叶轴具纵沟，下面被鳞片，顶端有芽孢。孢子囊群在主脉两侧各排成1行；囊群盖大而圆，边缘啮齿状。

生　境	生于海拔600～1800m林下岩石上。
分　布	我国主要分布于河南、湖北、湖南、四川、贵州、云南、重庆等省区。在重庆，分布于巫溪、南川、綦江、彭水等地。在彭水，分布于靛水街道摩围山。
应用价值	全草入药，清热解毒、止血。

鳞瓦韦 *Lepisorus kawakamii* (Hayata) Tagawa

水龙骨科 Polypodiaceae　　瓦韦属 *Lepisorus*

【形态特征】植株高10～23cm。根茎横走，密被披针形鳞片，鳞片中部褐色，不透明，边缘有1～2行淡棕色、透明、具锯齿网眼。叶略近生；叶柄长2～3cm，禾秆色，粗壮；叶片披针形或卵状披针形，中部或近下部1/3处最宽，宽1.5～3.5cm，长8～18cm，渐尖头，向基部渐窄下延，下面被深棕色透明披针形鳞片，上面光滑，干后淡黄色，软革质，主脉粗，两面均隆起，小脉不显。孢子囊群圆形或椭圆形，径达5mm，密接，最先端不育，着生叶片上半部主脉与叶缘间，幼时被圆形深棕色隔丝覆盖。

生　境	生于海拔170～2300m山坡阴处、林下树干或岩缝中。
分　布	我国主要分布于福建、浙江、江西、安徽、重庆、湖南、河南、陕西、四川、贵州、广东、广西、云南、西藏等省区。在重庆，分布于巫山、奉节、涪陵、南川、彭水等地。在彭水，分布于靛水街道摩围山。
应用价值	根茎入药，用于治淋病。

曲边线蕨 *Leptochilus ellipticus* var. *flexilobus* (Christ) X. C. Zhang

水龙骨科 Polypodiaceae 薄唇蕨属 *Leptochilus*

【形态特征】植株高20～50cm。根状茎长而横走，密生鳞片，鳞片褐棕色，卵状披针形，长1.1～7.6mm，宽0.6～2.3mm，边缘有疏锯齿。叶远生，近二型；不育叶的叶柄长（6.5～）23.7（～48.5）cm，禾秆色，基部密生鳞片，向上光滑；叶片长圆状卵形或卵状披针形，长（20～）42（～70）cm，宽（8～）15（～22）cm，顶端圆钝，一回羽裂深达叶轴；羽片或裂片3～11对，对生或近对生，狭长披针形或线形，长4.5～15cm，宽0.3～2.2mm，顶端长渐尖，基部狭楔形而下延，在叶轴两侧形成宽1cm的翅，羽片边缘具波状褶皱；能育叶和不育叶近同形，但叶柄较长，羽片远端较狭或有时近等大。孢子囊群线形，斜展，在每对侧脉间各排列成一行，伸达叶边；无囊群盖。

生 境	生于林下。
分 布	我国主要分布于江西、重庆、台湾、湖南、广西、四川、贵州和云南等省区。在重庆，分布于城口、秀山、酉阳、南川、北碚、彭水等地。在彭水，分布于绍庆街道阿依河。
应用价值	全株入药，具有活血祛瘀之功效。

矩圆线蕨 *Leptochilus henryi* (Baker) X. C. Zhang

水龙骨科 Polypodiaceae 薄唇蕨属 *Leptochilus*

【形态特征】植株高20～70cm。根茎横走，密被鳞片，鳞片褐色，卵状披针形，长2.9mm，宽0.84mm，疏生锯齿。叶疏生，草质或薄草质，叶柄长5～35cm，叶片椭圆形或卵状披针形，长15～50cm，宽3～11cm，向基部骤窄，沿叶柄具窄翅下延，全缘或略微波状；侧脉斜展，略可见，小脉网状，每对侧脉间有2行网眼，内藏小脉通常单一或一至二回分叉。孢子囊群线形，着生网脉，在每对侧脉间成1行，自中脉斜出，多少伸达叶缘，无囊群盖。孢子极面观椭圆形，赤道面观肾形，单裂缝，周壁具球形颗粒和缺刻状尖刺，尖刺密生颗粒状物质。

生　境	生于海拔300～1500m林下或阴湿处，成片集生。
分　布	我国主要分布于陕西、浙江、江西、福建、湖北、湖南、广西、四川、重庆、贵州和云南等省区。在重庆，分布于城口、酉阳、南川、綦江、万盛、北碚、彭水等地。在彭水，分布于三义乡、朗溪乡、汉葭街道、绍庆街道阿依河。
应用价值	全草入药，具有清热解毒、祛风除湿、利尿通淋、止血、接骨之功效。用于肺痨、咳血、尿血、淋浊、尿路结石、急性关节痛、骨折、痈肿初起、外伤出血。

石韦 *Pyrrosia lingua* (Thunb.) Farw.

水龙骨科 Polypodiaceae　石韦属 *Pyrrosia*

【形态特征】附生蕨类，植株高10～30cm。根状茎如粗铁丝，长而横走，密生鳞片，鳞片披针形，有睫毛，叶近二型，远生，革质，上面绿色，偶有1～2星状毛，并有小凹点，下面密覆灰棕色星状毛，不育叶和能育叶同形或略较短而阔，叶柄基部均有关节；能育叶柄长5～10cm；叶片披针形至矩圆状披针形，长8～12（～18）cm，宽2～5cm，下面侧脉多少凸起可见。孢子囊群在侧脉间紧密而整齐地排列，初为星状毛包被，成熟时露出，无盖。

生　境	生于海拔100～1800m树干或岩石上。
分　布	我国主要分布于长江以南各省区，北至甘肃、西至西藏、东至台湾。在重庆，各区县均有分布。在彭水，分布于联合乡龙池村。
应用价值	药用，能清湿热、利尿通淋，治刀伤、烫伤、脱力虚损。

庐山石韦 *Pyrrosia sheareri* (Baker) Ching

水龙骨科 Polypodiaceae　　石韦属 *Pyrrosia*

【形态特征】植株高20～65cm。根茎粗壮，横卧，密被线状棕色鳞片，鳞片长渐尖头，边缘具睫毛，着生处近褐色。叶近生，一型；叶柄径2～4mm，长8～26cm，基部密被鳞片；叶片椭圆状披针形，向上渐窄，渐尖头，先端钝圆，基部近圆截形或心形，长10～30cm，宽2.5～6cm，全缘；叶干后软革质，上面淡灰绿色或淡紫色，几无毛，密被洼点，下面棕色，被厚层星状毛；主脉粗，两面均隆起，侧脉明显，小脉不显。孢子囊群不规则点状排于侧脉间，密被基部以上的叶片下面，无盖，幼时被星状毛，成熟时孢子囊开裂呈砖红色。

生　　境	生于海拔160～2100m溪边林下岩石上或附生树干。
分　　布	我国主要分布于台湾、福建、浙江、江西、安徽、重庆、湖北、广东、广西、云南、贵州、四川等省区。在重庆，各区县均有分布。在彭水，分布于靛水街道摩围山、大垭乡大垭村。
应用价值	全草入药，具有利尿通淋、清肺泻热之功效。用于淋证、尿血、尿路结石、肾炎、崩漏、痢疾、肺热咳嗽、慢性气管炎、金疮、痈疽。

2 裸子植物

银杏 *Ginkgo biloba* L.

银杏科 Ginkgoaceae　　银杏属 *Ginkgo*

【形态特征】乔木，高达40m，胸径4m；树皮灰褐色，纵裂。大枝斜展，一年生长枝淡褐黄色，二年生枝变为灰色；短枝黑灰色。叶扇形，上部宽5～8cm，上缘有浅或深的波状缺刻，有时中部缺裂较深，基部楔形，有长柄；在短枝上3～8叶簇生。雄球花4～6生于短枝顶端叶腋或苞腋，长圆形，下垂，淡黄色；雌球花数个生于短枝叶丛中，淡绿色。种子椭圆形、倒卵圆形或近球形，长2～3.5cm，成熟时黄色或橙黄色，被白粉，外种皮肉质，有臭味，中种皮骨质，白色，有2（～3）纵脊，内种皮膜质，黄褐色；胚乳肉质，胚绿色。

物候期	花期3月下旬至4月中旬，种子9～10月成熟。
生境	常栽培于宅前屋后和寺庙旁，或作行道树。
分布	在我国栽培区较广，北自东北沈阳，南达广州，东至华东。在重庆，各区县均有栽培，南川有野生。在彭水，分布于万足镇小河村、桑柘镇。
保护利用现状	中国特有植物，国家一级重点保护野生植物，《中国生物多样性红色名录——高等植物卷》（2020）评为“EN（濒危）”，主要采用原地保护。
应用价值	银杏为珍贵的速生用材树种，可供建筑、家具、室内装饰、雕刻、绘图板等用。种子供食用（多食易中毒）及药用。叶可作药用和制杀虫剂。银杏树形优美，春夏季叶色嫩绿，秋季变成黄色，颇为美观，可作庭院树及行道树。重庆南川、酉阳等地，古树名木、优良单株集中，适合建立良种繁育基地。

百日青 *Podocarpus neriifolius* D. Don

罗汉松科 Podocarpaceae　罗汉松属 *Podocarpus*

【形态特征】常绿乔木。叶螺旋状着生，厚革质，条状披针形，常微弯，长7～15cm，宽9～13mm，上部渐窄，先端渐尖（萌生枝上的叶较宽，先端常有短尖头），基部渐窄成短柄，上面微有光泽，中脉明显隆起，无侧脉；下面中脉微隆起或近平。雄球花穗状，单生或2～3簇生叶腋，长2.5～5cm，有短梗。种子单生叶腋，卵球形，长8～16mm，熟时肉质假种皮紫红色，着生于肉质种托上，种托橙红色，梗长9～22mm。

生　境	生于低海拔常绿阔叶林中。
分　布	我国主要分布于浙江、福建、台湾、江西、湖南、贵州、四川、重庆、西藏、云南、广西、广东等省区。在重庆，分布于酉阳、石柱、南川、彭水等地。在彭水，分布于棣棠乡四合村。
保护利用现状	国家二级重点保护野生植物，《中国生物多样性红色名录——高等植物卷》（2020）评为“VU（易危）”。
应用价值	百日青为优良的多用途树种，其材质优良，木材坚韧，可作乐器、雕刻等用，也可供建筑及制作家具等用；其枝叶、根可入药；其树姿秀丽，四季常青，可作绿化观赏树种。尤其是百日青的果实，十分奇特有趣。种子成熟时，卵圆形的假种皮呈紫红色，顶端钝圆，似一和尚头，具有较高的观赏价值。

杉木 *Cunninghamia lanceolata* (Lamb.) Hook.

柏科 Cupressaceae 杉木属 *Cunninghamia*

【形态特征】乔木，高达30m，胸径可达2.5～3m；幼树树冠尖塔形，大树树冠圆锥形；树皮灰褐色，裂成长条片，内皮淡红色；大枝平展。小枝对生或轮生，常成2列状，幼枝绿色，光滑无毛。冬芽近球形，具小型叶状芽鳞。叶长2～6cm，宽3～5mm。球果长2.5～5cm，径3～4cm，苞鳞棕黄色，三角状卵形，先端反卷或不反卷。种子长卵形或长圆形，长7～8mm，宽5mm，暗褐色，有光泽。

物候期	花期4月；球果10月成熟。	生境	广泛分布于山地林中。
分布	主要栽培于我国长江流域、秦岭以南地区。在重庆，各区县均有分布。 在彭水，各乡镇均有分布。		
应用价值	杉木为中国长江流域、秦岭以南地区栽培最广、生长快、经济价值高的用材树种。木材黄白色，有时心材带淡红褐色，质较软，细致，有香气，纹理直，易加工，比重0.38，耐腐性强，不受白蚁蛀食。供建筑、桥梁、造船、矿柱、木桩、电杆、家具及木纤维工业原料等用。树皮含单宁。杉木树姿端庄，适应性强，抗风力强，耐烟尘，可做行道树及营造防风林。		

柏木 *Cupressus funebris* Endl.

柏科 Cupressaceae　　柏木属 *Cupressus*

【形态特征】常绿乔木；小枝细长，下垂，扁平，排成一平面。叶鳞形，交互对生，先端尖；小枝上下之叶的背面有纵腺体，两侧之叶折覆着上下之叶的下部；两面均为绿色。雌雄同株，球花单生于小枝顶端。球果翌年夏季成熟，球形，直径8～12mm，熟时褐色；种鳞4对，木质，楯形，顶部中央有凸尖，能育种鳞有5～6粒种子；种子长约3mm，两侧具窄翅。

生　境	生于海拔1600m以下山地林中。
分　布	我国主要分布于浙江、福建、江西、湖南、湖北、四川、贵州、广东、广西、云南、重庆等省区。在重庆，各区县均有分布。在彭水，各乡镇均有分布。
应用价值	柏木是珍贵用材树种，主要用于高档家具的制作、办公和住宅的高档装饰、木制工艺品加工等，与石油一样皆是紧缺的国家战略资源，是一种多功能高效益的树种。柏木不仅是用在材林、生态景观建设中，是适宜选用的优良树种，而且柏木全树可予利用，可提制丰富的化学产品，综合利用经济价值很高。柏木的枝叶、树干、根蔸都可提炼精制柏木油，柏木油可作多种化工产品，树根提炼柏木油后的碎木，经粉碎后作为香料出口东南亚，经济价值高。

红豆杉 *Taxus wallichiana* var. *chinensis* (Pilg.) Florin

红豆杉科 Taxaceae　红豆杉属 *Taxus*

【形态特征】常绿乔木；小枝互生。叶螺旋状着生，基部扭转排成2列，条形，通常微弯，长1～2.5cm，宽2～2.5mm，边缘微反曲，先端渐尖或微急尖，下面沿中脉两侧有2条宽灰绿色或黄绿色气孔带，绿色边带极窄，中脉带上有密生均匀的微小乳头点。雌雄异株；球花单生叶腋；雌球花的胚珠单生于花轴上部侧生短轴的顶端，基部托以圆盘状假种皮。种子扁卵圆形，生于红色肉质的杯状假种皮中，长约5mm，先端微有2脊，种脐卵圆形。

生　境	常生于海拔1000～1700m的山地林中。
分　布	我国主要分布于甘肃、陕西、四川、重庆、云南、贵州、湖北、湖南、广西和安徽等省区。在重庆，分布于城口、巫溪、开州、巫山、奉节、万州、石柱、忠县、黔江、武隆、南川、万盛、江津、彭水等地。在彭水，分布于走马乡。
保护利用现状	国家一级重点保护野生植物，《中国生物多样性红色名录——高等植物卷》(2020)评为“VU(易危)”，主要采用原地保护。
应用价值	近代医学研究表明，红豆杉属植物含有抗肿瘤活性物质紫杉醇，在临床上对几种癌症疗效显著，是副作用小的抗癌物质，各国普遍认为紫杉醇是21世纪的人类抗癌新药。红豆杉起源古老，对研究红豆杉科植物的分类及系统发育具有重要价值，其树形优美，四季常青，假种皮为红色，为优美观赏树种。红豆杉在医疗、用材和园林绿化上均具有重要意义。

南方红豆杉 *Taxus wallichiana* var. *mairei* (Lemée & H. Lév.) L. K. Fu & Nan Li

红豆杉科 Taxaceae 红豆杉属 *Taxus*

【形态特征】本变种与红豆杉的区别主要在于叶常较宽长，多呈弯镰状，通常长2～3.5（～4.5）cm，宽3～4（～5）mm，上部常渐窄，先端渐尖，下面中脉带上无角质乳头状突起点，或局部有成片或零星分布的角质乳头状突起点，或与气孔带相邻的中脉带两边有一至数条角质乳头状突起点，中脉带明晰可见，其色泽与气孔带相异，呈淡黄绿色或绿色，绿色边带亦较宽而明显；种子通常较大，微扁，多呈倒卵圆形，上部较宽，稀柱状矩圆形，长7～8mm，径5mm，种脐常呈椭圆形。

生境	生于海拔1000m以下的山地林中。
分布	我国主要分布于秦岭淮河以南各省区。在重庆，分布于城口、开州、巫山、奉节、忠县、石柱、武隆、南川、万盛、江津、北碚、彭水等地。在彭水，分布于靛水街道摩围山、太原镇。
保护利用现状	国家一级重点保护野生植物，主要采用原地保护。
应用价值	南方红豆杉的综合利用价值高，被誉为“植物黄金”。南方红豆杉的根、皮、茎、叶、种子中均含有紫杉醇；其木材材质坚硬，刀斧难入，有“千枞万杉，当不得红榧一枝桠”之称。边材黄白色、心材赤红，质坚硬，纹理致密，形象美观，耐腐性强。可供建筑、高级家具、室内装修等用。

马尾松 *Pinus massoniana* Lamb.

松科 Pinaceae　松属 *Pinus*

【形态特征】乔木，高达40m，胸径1m；树皮红褐色，下部灰褐色，裂成不规则的鳞状块片。枝条每年生长1轮，稀2轮；一年生枝淡黄褐色，无白粉。冬芽褐色，圆柱形。针叶2针一束，极稀3针一束，长12～30cm，宽约1mm，细柔，下垂或微下垂，两面有气孔线，边缘有细齿，树脂道4～7个，边生。球果卵圆形或圆锥状卵圆形，长4～7cm，径2.5～4cm，有短柄，熟时栗褐色，种鳞张开；鳞盾菱形，微隆起或平，横脊微明显，鳞脐微凹，无刺，稀生于干燥环境时有极短的刺。种子卵圆形，长4～6mm，连翅长2～2.7cm。

物候期	花期4～5月，球果翌年10～12月成熟。
生　境	生于海拔1200m以下山地，常成次生单纯林或组成针阔混交林。
分　布	我国主要分布于淮河流域和汉水流域以南，西至四川中部、贵州中部和云南东南部。在重庆，各区县均有分布。在彭水，各乡镇均有分布。
应用价值	马尾松是我国南方主要的用材树种，造林更新容易。木材含纤维素62%，宜加工，可用于造纸及人造纤维，是良好的绿化树种。松枝富含松脂，是良好的薪柴。马尾松也是中国主要产脂树种，松香是许多轻、重工业的重要原料，主要用于造纸、橡胶、涂料、油漆、胶粘等工业。松针含有0.2%～0.5%的挥发油，可提取松针油，供做清凉喷雾剂、皂用香精及配制其他合成香料，还可浸提栲胶。

3 被子植物

大八角 *Illicium majus* Hook. f. & Thomson

五味子科 Schisandraceae 八角属 *Illicium*

【形态特征】乔木，高达20m。叶互生或3～6成轮生状，革质，长圆状披针形或倒披针形，长10～20cm，先端渐尖，基部楔形，上面中脉凹下，宽约1mm，侧脉6～9对；叶柄长1～2.5cm。花腋生、近顶生或生于老枝上，单生或2～4簇生。花蕾球形；花梗长2～6cm；花被片红色，内凹，肉质，15～34枚，外轮圆形或宽卵形，中轮最大，长0.8～1.5cm，内轮渐窄小；雄蕊12～41，1～3轮；心皮11～14。聚合果径4～4.5cm；果柄长2.5～8cm，蓇葖果11～14，长1.2～2.5cm，顶端骤尖，喙尖钻状，长3～7mm。种子淡褐色或褐色，长0.6～1cm。

物候期	花期4～6月，果期7～10月。	生境	生于海拔300～1500m山地常绿阔叶林中。
分布	我国主要分布于湖南、广东、广西、贵州、云南、重庆等省区。在重庆，分布于酉阳、秀山、石柱、丰都、武隆、南川、彭水等地。在彭水，分布于棣棠乡四合村。		
应用价值	木材结构细，供雕刻、家具、室内装修等用。		

华中五味子 *Schisandra sphenanthera* Rehder & E. H. Wilson

五味子科 Schisandraceae　五味子属 *Schisandra*

【形态特征】落叶木质藤本。芽鳞具长缘毛。叶纸质，倒卵形、宽倒卵形、倒卵状长椭圆形或圆形，稀椭圆形，长（3～）5～11cm，先端短骤尖或渐尖，基部楔形或宽楔形，下延至叶柄成窄翅，下面淡灰绿色，具白点，稀脉疏被细柔毛，中部以上疏生胼胝质尖齿。花生于小枝近基部叶腋。花梗长2～4.5cm，基部具长3～4mm苞片；花被片5～9，橙黄色，椭圆形或长圆状倒卵形，中轮的长0.6～1.2cm，具缘毛和腺点。雄花雄蕊群倒卵圆形，径4～6mm，花托顶端圆钝，雄蕊11～19（～23），药室内侧向开裂，药室倾斜，顶端分开。雌花雌蕊群卵球形，径5～5.5mm，单雌蕊30～60。小浆果红色，长0.8～1.2cm。种子长圆形或肾形，长约4mm，褐色光滑或背面微皱。

物候期	花期4～7月，果期7～9月。	生　境	生于海拔600～3000m湿润山坡或灌丛中。

分　布	我国主要分布于山西、陕西、甘肃、山东、江苏、安徽、浙江、江西、福建、河南、湖北、湖南、四川、贵州、云南、重庆等省区。在重庆，分布于城口、巫山、巫溪、奉节、酉阳、黔江、石柱、丰都、南川、北碚、彭水等地。在彭水，分布于万足镇、绍庆街道阿依河。
应用价值	果实入药，称为“南五味子”，具有敛肺、滋肾、生津、涩精之功效。用于肺虚咳嗽、口干作渴、自汗、盗汗、劳伤羸瘦、梦遗滑精、久泻久痢，解酒毒、壮筋骨、除烦热。茎藤或根入药，具有养血消瘀、理气化湿之功效。用于劳伤咳嗽、肢节酸痛、心胃气痛、脚气痿痹、月经不调、跌打损伤。

背蛇生 *Aristolochia tuberosa* C. F. Liang & S. M. Hwang

马兜铃科 Aristolochiaceae　　马兜铃属 *Aristolochia*

【形态特征】草质藤本，全株无毛。块根近纺锤形，长达15cm，径达8cm，常2～3个相连。叶三角状心形，长8～14cm，先端钝，基部心形，无油点；叶柄长3～14cm。花单生或2～3朵集生。花梗长约1.5cm；花被筒长约3.5cm，基部球形，径约5mm，向上骤缢缩成直管，管口漏斗状，檐部一侧延伸成长圆形舌片，长约2cm，先端钝，具凸尖，黄绿色或具暗紫色条纹；花药卵圆形，合蕊柱6裂。蒴果倒卵圆形，长约3cm。种子卵圆形，长约4mm，密被疣点。

物候期	花期11月至翌年4月，果期6～10月。
生境	生于海拔150～1500m石灰岩山地或沟边灌丛中。
分布	我国主要分布于广西、云南、贵州、四川、重庆、湖北等省区。在重庆，分布于万州、武隆、南川、彭水等地。在彭水，分布于绍庆街道阿依河。
保护利用现状	重庆市重点保护野生植物，《中国生物多样性红色名录——高等植物卷》(2020) 评为“VU（易危）”，主要采用原地保护。
应用价值	块茎入药，具有清热解毒、利湿、消肿、止痛之功效。用于痢疾、泄泻、胸痛、胃痛、咽喉痛、肺结核、毒蛇咬伤。

花叶细辛 *Asarum cardiophyllum* Franch.

马兜铃科 Aristolochiaceae 细辛属 *Asarum*

【形态特征】多年生草本，全株被柔毛。叶宽卵形、三角状卵形或卵状心形，长4～10cm，先端尖或渐尖，基部深心形；上面疏被长柔毛，有白色点状花斑，下面毛较密；叶柄长5～20cm，芽苞叶卵形或卵状披针形，下面及边缘密被柔毛。花被绿色，被紫红色簇生毛；花梗长1～2cm，被柔毛；花被片直伸，先端尾尖，花被筒径0.8～1cm，内被柔毛，具纵纹，花被片卵状长圆形，先端具长达1.2cm尾尖；雄蕊长于花柱，花丝长于花药，药隔伸出；子房下位，具6棱，花柱合生，柱头6裂。果近球状，径约1.8cm，花被宿存。

物候期	花期3～4月。	生境	生于海拔500～1200m林下阴湿地。
分布	我国主要分布于四川、贵州、云南、重庆等省区。在重庆，分布于秀山、黔江、武隆、南川、彭水等地。在彭水，分布于绍庆街道阿依河。		
保护利用现状	中国特有植物，《中国生物多样性红色名录——高等植物卷》（2020）评为“VU（易危）”，主要采用原地保护。		
应用价值	全草入药，具有温经散寒、化痰止咳、散瘀消肿、止痛之功效。用于风寒咳嗽、哮喘、风湿痹痛、毒蛇咬伤、跌打肿痛。		

厚朴 *Houpoea officinalis* (Rehder & E. H. Wilson) N. H. Xia & C. Y. Wu

木兰科 Magnoliaceae 厚朴属 *Houpoea*

【形态特征】落叶乔木；高达20m，树皮厚；顶芽窄卵状圆锥形，无毛；幼叶下面被白色长毛，革质，7～9片聚生枝端，长圆状倒卵形，长22～45cm，先端短急尖或钝圆，基部楔形，全缘微波状，下面被灰色柔毛及白粉；叶柄粗，长2～4cm，托叶痕长约为叶柄的2/3；聚合果长圆状卵圆形，长9～15cm；蓇葖果具长3～4mm的喙；种子三角状倒卵形，长约1cm。

物候期	花期5～6月，果期8～10月。	生境	多栽培于山坡和村舍附近。
分布	我国主要分布于安徽、浙江、江西、福建、湖南、广东、广西、重庆等省区。在重庆分布于城口、巫山、奉节、开州、云阳、酉阳、秀山、黔江、石柱、南川、北碚缙云山、彭水等地。在彭水，分布于桑柘镇石岩坝。		
应用价值	厚朴是中国特有种，是木兰科分布广、较原始的种类，对研究东亚和北美植物区系及木兰科分类有科学意义。厚朴是贵重的药用及用材树种，是有名的“三木药材”之一，树皮为著名中药，有化湿导滞、行气平喘、化食消痰、祛风镇痛之效；种子有明目益气之功效，芽作妇科药用。植株叶大浓荫，花大而美丽，又为庭院观赏树及行道树。木材供建筑、板料、家具、雕刻、乐器、细木工等用。		

山蜡梅 *Chimonanthus nitens* Oliv.

蜡梅科 Calycanthaceae　　蜡梅属 *Chimonanthus*

【形态特征】常绿灌木，高达3.5～6m。幼枝被毛，老枝无毛。叶片纸质至革质，椭圆状披针形或卵状披针形，长2～13cm，宽1.5～5.5cm，先端渐尖或尾尖，基部楔形，上面有光泽，下面被白粉，网脉不明显。花径0.7～1cm，淡黄色；花被片20～24；雄蕊长2mm；心皮长2mm。果托坛状或钟形，高2～5cm，径1～2.5cm，顶端缢缩，被短茸毛。瘦果长椭圆形，长1～1.3cm，果脐领状隆起，果托网纹微隆起。

物候期	花期10月至翌年1月，果期4～8月。	生境	生于石灰岩山地疏林中及溪边。
分布	我国主要分布于安徽、浙江、江苏、江西、福建、湖北、湖南、广西、云南、贵州、重庆、陕西等省区。在重庆，分布于南川、彭水等地。在彭水，分布于汉葭街道亭子村。		
应用价值	花黄色，叶常绿，是良好的园林绿化植物；根可药用，治跌打损伤、风湿、感冒及疔疮等症；种子含油脂。		

红果黄肉楠 *Actinodaphne cupularis* (Hemsl.) Gamble

樟科 Lauraceae　　黄肉楠属 *Actinodaphne*

【形态特征】 小乔木或灌木状，高达10m。幼枝被灰色或灰褐色微柔毛。叶5～6片簇生枝顶，长圆形或长圆状披针形，长5.5～13.5cm，宽1.5～2.7cm，先端渐尖或尖，基部楔形或窄楔形，下面被短柔毛，羽状脉，侧脉8～13对；叶柄长3～8mm，被灰色或灰褐色短柔毛。伞形花序单生或数个簇生，无花序梗。雄花序具6～7花；花梗被长柔毛；花被片卵形；花丝无毛；第3轮花丝基部腺体具柄；退化雌蕊小，无毛，果卵圆形，径约1cm，红色；果托杯状，高4～5mm，全缘或呈波状。

物候期	花期10～11月，果期翌年8～9月。
生　境	生于海拔360～1300m山坡密林内、溪边及灌丛中。
分　布	我国主要分布于湖北、湖南、四川、广西、云南、贵州、重庆等省区。在重庆，分布于城口、巫溪、巫山、奉节、南川、万盛、北碚、彭水等地。在彭水，分布于绍庆街道阿依河。
应用价值	根叶入药，外用治疗脚癣、烫伤及痔疮；种子可榨油。

猴樟 *Cinnamomum bodinieri* (H. Lév.) Y. Yang, Bing Liu & Zhi Yang

樟科 Lauraceae 樟属 *Cinnamomum*

【形态特征】乔木，高达16m，胸径30～80cm；树皮灰褐色。枝条圆柱形，无毛，嫩时多少具棱角。叶互生，卵圆形或椭圆状卵圆形，长8～17cm，宽3～10cm，先端短渐尖，基部锐尖，宽楔形至圆形，坚纸质，上面光亮，幼时被极细的微柔毛，老时变无毛，下面苍白，极密被绢状微柔毛，侧脉每边4～6条，最基部的一对近对生，其余均为互生，侧脉脉腋在下面有明显的腺窝，上面相应处明显呈泡状隆起，叶柄长2～3cm。圆锥花序在幼枝上腋生或侧生，同时亦有近侧生，有时基部具苞叶，长（5～）10～15cm，多分枝，分枝两歧状，具棱角，总梗圆柱形，长4～6cm，与各级序轴均无毛。花绿白色，长约2.5mm，花梗丝状，长2～4mm，被绢状微柔毛。花被筒倒锥形，外面近无毛，花被裂片6，卵圆形，长约1.2mm，外面近无毛，内面被白色绢毛，反折，很快脱落。能育雄蕊9，第一、二轮雄蕊长约1mm，花药近圆形，花丝无腺体，第三轮雄蕊稍长，花丝近基部有1对肾形大腺体。退化雄蕊3，位于最内轮，心形，近无柄，长约0.5mm。子房卵珠形，长约1.2mm，无毛，花柱长1mm，柱头头状。果球形，直径7～8mm，绿色，无毛；果托浅杯状，顶端宽6mm。

物候期	花期5～6月，果期7～8月。
生境	生于海拔700～1480m路旁、沟边、疏林或灌丛中。
分布	我国主要分布于贵州、四川、湖北、湖南、重庆、云南等省区。在重庆，分布于南川、合川、彭水等地。在彭水，分布于普子镇石坝子村。
应用价值	宜作庭荫树与行道树观赏；木材材质优良，是一种有经济价值的珍贵用材及工业原材料树种；猴樟的枝叶含芳香油；果仁含脂肪。果实具散寒、行气、止痛之功效；主治虚寒胃痛、腹痛。

狭叶桂 ***Cinnamomum heyneanum*** **Nees**

樟科 Lauraceae 樟属 *Cinnamomum*

【形态特征】常绿乔木或灌木状；树皮平滑，灰褐色至黑褐色；枝绿色或绿褐色，无毛；叶线形至线状披针形或披针形，长（3.8～）4.5～12（～15）cm，宽（0.7～）1～2（～4）cm，两面无毛，离基三出脉；叶柄长0.5～1.2cm，无毛；花序长（2～）3～6cm，花梗有时长达10（～12）mm；花序梗与序轴均密被灰白色微柔毛；花被片长圆状卵形，两面密被灰白色柔毛；能育雄蕊长2.5～2.7mm，花丝及花药背面被柔毛，退化雄蕊长约1mm，柄长约0.7mm，被柔毛；果卵圆形，长约8mm；果托高4mm，具6齿。

生　境	生于海拔250～450m的河边山坡灌丛中。
分　布	我国主要分布于湖北、四川、贵州、广西、重庆、云南等省区。在重庆，分布于巫山、彭水等地。在彭水，分布于绍庆街道阿依河。
应用价值	其油质佳，可直接用于洋茉莉醛和胡椒基丁醚等的合成原料；树形美观，可作庭院绿化和观赏树种。

川桂 *Cinnamomum wilsonii* Gamble

樟科 Lauraceae　　樟属 *Cinnamomum*

【形态特征】乔木，高达25m。叶卵形或卵状长圆形，长8.5～18cm，先端渐钝尖，基部楔形或近圆，下面灰绿色，初被白色丝毛，后脱落无毛，边缘内卷，离基三出脉；叶柄长1～1.5cm，无毛。花序长3～9cm，少花，花序梗长1.5～6cm，与序轴均无毛或疏被柔毛。花梗丝状，长0.6～2cm，被微柔毛；花被片卵形，两面被丝状柔毛；能育雄蕊长3～3.5mm，花丝被柔毛，退化雄蕊卵状心形，长2.8mm，先端尖，具柄。果卵圆形；果托平截，裂片短。

物候期	花期4～5月，果期8～10月。
生境	生于海拔2400m以下的山谷、阳坡、沟边及林中。
分布	我国主要分布于陕西、四川、湖北、湖南、广西、广东、重庆、江西等省区。在重庆，分布于城口、奉节、云阳、南川、彭水等地。在彭水，分布于棣棠乡四合村。
应用价值	川桂枝叶和果均含芳香油，油可做食品或皂用香精的调和原料。川桂树皮入药，能补肾、散寒祛风，治风湿筋骨痛、跌打及腹痛吐泻等症。

黑壳楠 *Lindera megaphylla* Hemsl.

樟科 Lauraceae　山胡椒属 *Lindera*

【形态特征】常绿乔木，高达15（～25）m。小枝粗圆，紫黑色，无毛，疏被皮孔。顶芽卵圆形，长约1.5cm，芽鳞被白色微柔毛。叶集生枝顶，倒披针形或倒卵状长圆形，稀长卵形，长10～23cm，宽5～7.5cm，先端尖或渐尖，基部窄楔形，无毛，侧脉15～21对；叶柄长1.5～3cm，无毛。伞形花序多花，花序梗密被黄褐色或近锈色微柔毛。雄花花被片6，椭圆形，稍被黄褐色柔毛，花丝疏被柔毛，第3轮花丝基部具2个有柄三角漏斗形腺体，退化雌蕊长，无毛；雌花花梗密被黄褐色柔毛，花被片6，线状匙形，下部或脊部被黄褐色柔毛，内面无毛，子房无毛，花柱纤细，柱头盾形，被乳突，退化雄蕊9，第3轮花丝中部具2个有柄三角漏斗形腺体。果椭圆形或卵圆形，长约1.8cm，紫黑色，无毛；果柄长1.5cm，向上渐粗，被皮孔；果托杯状，高约8mm，径达1.5cm。

物候期	花期2～4月，果期9～12月。
生境	生于海拔1600～2000m山坡、谷地常绿阔叶林或灌丛中。
分布	我国主要分布于陕西、甘肃、四川、云南、贵州、湖北、湖南、安徽、江西、福建、广东、广西、重庆等省区。在重庆，各区县均有分布。在彭水，分布于靛水街道朝阳社区。
应用价值	黑壳楠是一种珍贵用材树种。木材黄褐色至红褐色，纹理直，有光泽，结构致密，坚实耐用，比重约0.41，是建筑、家具、造船等的优良用材。黑壳楠四季常青，树干通直，树冠圆整，枝叶浓密，青翠葱郁，秋季黑色的果实如繁星般点缀于绿叶丛中，观赏效果好，是有发展潜力的园林绿化树种。彭水县当地称黑壳楠为“山楠”，名木古树、优良单株较多。

绒毛山胡椒 *Lindera nacusua* (D. Don) Merr.

樟科 Lauraceae　　山胡椒属 *Lindera*

【形态特征】常绿乔木或灌木状，高达15m。幼枝密被黄褐色长柔毛，后渐脱落。顶芽宽卵圆形，密被黄褐色柔毛。叶宽卵形、椭圆形或长圆形，长6～11（～15）cm，宽3.5～7.5cm，先端常骤渐尖，基部楔形或近圆，两侧常不等，上面中脉有时稍被黄褐色柔毛，下面密被黄褐色长柔毛，侧脉6～8对；叶柄粗，密被黄褐色柔毛。伞形花序单生或2～4簇生叶腋，具短梗。雄花序具8花，花梗密被黄褐色柔毛，花被片6，卵形，雄蕊9，第3轮花丝近中部具2个宽肾形腺体，退化雌蕊子房卵圆形，雌花具（2～）3～6花，花被片6，宽卵形，花柱粗，柱头头状，退化雄蕊9，第3轮花丝中部具2个圆肾形腺体。果近球形，红色；果柄向上渐粗，稍被黄褐色微柔毛。

物候期	花期5～6月，果期7～10月。
生　境	生于海拔700～2500m谷地或山坡常绿阔叶林中。
分　布	我国主要分布于广东、广西、福建、江西、四川、云南、重庆、西藏等省区。在重庆，分布于南川、江津、彭水等地。在彭水，分布于三义乡。
应用价值	根可入药，具活血化瘀之功效，用于风湿痹痛、跌打损伤。

川钓樟 *Lindera pulcherrima* var. *hemsleyana* (Diels) H. P. Tsui

樟科 Lauraceae　　山胡椒属 *Lindera*

【形态特征】常绿乔木，高达10m。小枝绿色，初被白色柔毛，后脱落。芽卵状长圆形，芽鳞被白色柔毛。叶椭圆形、倒卵形、窄椭圆形或长圆形，稀椭圆状披针形，长8～13cm，先端渐尖、稀长尾尖，基部圆或宽楔形，幼叶两面被白色柔毛，三出脉，中脉、侧脉在叶上面稍凸起；叶柄长0.8～1.2cm，被白色柔毛。伞形花序无总梗或总梗短，3～5花序腋生短枝上。雄花花梗被白色柔毛；花被片近等长，椭圆形，脊部被白色柔毛，内面无毛，能育雄蕊花丝被白色柔毛，第3轮花丝近基部具2个有柄肾形腺体，退化雌蕊的子房及花柱密被白色柔毛。幼果被白色柔毛，顶部密被白色柔毛；果椭圆形，长约8mm。

物候期	果期8～9月。	生　境	生于海拔1800m以下山坡、灌丛中或林缘。
分　布	我国主要分布于陕西、四川、湖北、湖南、广西、贵州、云南、重庆等省区。在重庆，分布于南川、彭水等地。在彭水，分布于国有林场太原镇管护站。		
应用价值	具有耐湿、固土护堤的功能，是优良的风景林和防护林树种。		

山鸡椒 *Litsea cubeba* (Lour.) Pers.

樟科 Lauraceae　　木姜子属 *Litsea*

【形态特征】落叶小乔木或灌木状，高达10m。枝、叶芳香，小枝无毛。叶互生，披针形或长圆形，长4～11cm，先端渐尖，基部楔形，两面无毛，侧脉6～10对；叶柄长0.6～2cm，无毛。伞形花序单生或簇生，花序梗长0.6～1cm。雄花序具4～6花；花梗无毛；花被片宽卵形；花丝中下部被毛。果近球形，径约5mm，无毛，黑色，果柄长2～4mm。

物候期	花期2～3月，果期7～8月。
生境	生于海拔500～3200m向阳山地、水边、灌丛或林中。
分布	我国主要分布于广东、广西、福建、台湾、浙江、江苏、安徽、湖南、湖北、江西、贵州、四川、云南、西藏、重庆等省区。在重庆，大部分区县有分布。在彭水，分布于靛水街道摩围山。
应用价值	花、叶及果肉可提取柠檬醛，供医药制品及香精用。种仁含油率达61.8%；根、茎及叶入药，可祛风散寒、消肿止痛，果可治胃病、中暑及血吸虫病。

毛叶木姜子 *Litsea mollis* Hemsl.

樟科 Lauraceae　　木姜子属 *Litsea*

【形态特征】落叶灌木或小乔木，高可达4m；树皮绿色，光滑有黑斑，有松节油气味。叶互生，纸质，矩圆形，长4～14cm，宽2～4cm，上面暗绿色，无毛，下面带绿苍白色，有白色柔毛；具羽状脉，侧脉8～9对；叶柄长1～1.5cm。雌雄异株，伞形花序腋生；总花梗短，有短柔毛；花被片6，黄色，宽倒卵形；能育雄蕊9，花药4室，内向瓣裂。果实球形，直径约5mm，熟时蓝黑色。

生　　境	生于山坡灌木丛中。
分　　布	我国主要分布于广东、广西、湖南、湖北、四川、贵州、云南、西藏、重庆等省区。在重庆，各区县均有分布。在彭水，分布于国有林场太原镇管护站。
应用价值	毛叶木姜子可用于温中行气止痛、燥湿健脾消食、解毒消肿。根和果实均可入药。果实和叶子出油率3%～5%，种子含油25%，油的主要成分是柠檬醛，是芳香植物精油中柠檬醛含量较高的一种，可合成高级香料、制造优质肥皂。

川黔润楠 *Machilus chuanchienensis* S. K. Lee

樟科 Lauraceae 润楠属 *Machilus*

【形态特征】乔木。枝条紫褐色，无毛。顶芽锥形，被微柔毛。叶常集生于枝梢，长椭圆形，长8.5～12cm，先端钝或渐尖，基部楔形，上面无毛，下面幼时被平伏微柔毛，上面中脉凹下，侧脉8～9对，细脉在两面结成小网格状；叶柄细，长1.8～2.2cm。聚伞状圆锥花序5～6个生于新枝基部或近顶生，长6～10.5cm，无毛，花序梗为花序长的2/3～3/4。花长约6mm，花被片长圆形，近等大，外面无毛，内面被绢毛；花梗纤细，长约7mm。

物候期	花期6月。	生境	生于海拔1000～1800m山地林中。
分布	我国主要分布于四川、贵州、重庆等省区。在重庆，分布于武隆、南川、江津、彭水等地。在彭水，分布于三义乡。		
应用价值	树干通直，尖削度较小，树形优美，树冠浓密，是园林上良好的庭院绿化树种和重要的交通地段行道树。木材可供建筑及家具等用。		

宜昌润楠 *Machilus ichangensis* Rehder & E. H. Wilson

樟科 Lauraceae　　润楠属 *Machilus*

【形态特征】乔木，高达15m。小枝较细，无毛。顶芽近球形，芽鳞被灰白色柔毛，后脱落，边缘密被绢状缘毛。叶长圆状披针形或长圆状倒披针形，长10～24cm，宽3～6cm，先端短渐尖，有时稍镰状，基部楔形，上面无毛，下面带白粉，被平伏柔毛或脱落无毛，上面中脉凹下，侧脉12～17对，细脉在两面稍呈网状；叶柄长1～2cm。花序生于新枝基部，长5～9cm，被灰黄色平伏绢毛或脱落无毛。花长5～6mm，花被片外面被毛，内面上被柔毛。果近球形，黑色，径约1cm。

物候期	花期4月，果期8月。	生　境	生于海拔400～1400m山坡或山谷林中。
分　布	我国主要分布于湖北、四川、陕西、甘肃、重庆等省区。在重庆，分布于酉阳、忠县、彭水等地。在彭水，分布于国有林场太原镇管护站。		
应用价值	树干通直，尖削度较小，树形优美，树冠浓密，是园林上良好的庭院绿化树种和重要的交通地段的行道树。木材可供建筑及家具等用。		

利川润楠 *Machilus lichuanensis* W. C. Cheng ex S. K. Lee

樟科 Lauraceae　　润楠属 *Machilus*

【形态特征】乔木，高达32m。小枝被淡褐色柔毛，基部具芽鳞痕。芽鳞被锈色茸毛。叶椭圆形或窄倒卵形，长8～15cm，先端短渐尖或骤尖，基部楔形，幼时上面中脉被淡褐色柔毛，下面密被淡褐色柔毛，后渐稀疏，中脉及侧脉两侧密被柔毛，侧脉8～12对，与细脉在下面稍明显；叶柄长1～1.5cm，后无毛。花序生于新枝基部，长4～10cm，自中部以上分枝，花序轴及花梗被灰黄色柔毛。花长约4.5mm，花被片两面被毛。果扁球形，径约7mm。

物候期	花期5月，果期9月。	生　境	生于海拔约800m山坡杂木林中。
分　布	我国主要分布于湖北、贵州、重庆等省区。在重庆，分布于南川、北碚、彭水等地。在彭水，分布于绍庆街道阿依河社区。		
应用价值	树干通直，尖削度较小，树形优美，树冠浓密，是园林上良好的庭院绿化树种和重要的交通地段的行道树。木材供建筑及家具等用。		

润楠 *Machilus nanmu* (Oliv.) Hemsl.

樟科 Lauraceae　　润楠属 *Machilus*

【形态特征】乔木；高40m或更高，胸径达1m；当年生小枝黄褐色，一年生枝灰褐色，均无毛，干时通常蓝紫黑色；顶芽卵形，鳞片近圆形，外面密被灰黄色绢毛，近边缘无毛，浅棕色；叶椭圆形或椭圆状倒披针形，长5～10（～13.5）cm，宽2～5cm，先端渐尖或尾状渐尖，尖头钝，基部楔形，革质，上面绿色，无毛，下面有贴伏小柔毛，嫩叶的下面和叶柄密被灰黄色小柔毛，中脉上面凹，下面明显凸起，侧脉每边8～10条，在两面均不明显，小脉细密，连结成细网状，在上面构成蜂巢状小窝穴，下面不明显；叶柄稍细弱，长10～15mm，无毛，上面有浅沟；圆锥花序生于嫩枝基部，4～7个，长5～6.5（～9）cm，有灰黄色小柔毛，在上端分枝，总梗长3～5cm；花梗纤细，长5～7mm；花小，带绿色，长约3mm，直径4～5mm。花被裂片长圆形，外面有绢毛，内面绢毛较疏，有纵脉3～5条，第三轮雄蕊的腺体戟形，有柄，退化雄蕊基部有毛；子房卵形，花柱纤细，均无毛，柱头略扩大；果扁球形，黑色，直径7～8mm。

物候期	花期4～6月，果期7～8月。	生境	生于海拔900～1500m的山地阔叶林中。
分布	我国主要分布于四川、重庆等省区。在重庆，分布于黔江、酉阳、彭水等地。在彭水，分布于石盘乡、汉葭街道。		
保护利用现状	中国特有植物，国家二级重点保护野生植物，《中国生物多样性红色名录——高等植物卷》（2020）评为“EN（濒危）”，主要采用原地保护。		
应用价值	润楠树干高大，材质优良，为良好的建筑、家具等用材，为商品“金丝楠木”中的一种。金丝楠木不是专指某一种木材，而是樟科楠属、润楠属和赛楠属部分树种木材的统称。应加强对润楠植物的保护。润楠的树干挺拔伟岸，有广阔的伞状树冠，枝叶浓密茂盛，是优良园林树种。		

川鄂新樟 *Neocinnamomum fargesii* (Lecomte) Kosterm.

樟科 Lauraceae　　新樟属 *Neocinnamomum*

【形态特征】小乔木或灌木状，高达7m。小枝具纵纹及褐色斑点，无毛。叶宽卵形、卵状披针形或菱状卵形，长4～6.5cm，先端尾尖，基部楔形或宽楔形，两面无毛，边缘内卷，中部以上波状，三出脉或近三出脉；叶柄长6～8mm，无毛。团伞花序腋生，1～4花，近无梗；苞片稍被微柔毛。花梗长1～4mm，稍被微柔毛或近无毛；花被片宽卵形，两面被微柔毛；能育雄蕊长约1mm，被柔毛，花丝与花药等长，退化雄蕊三角形，具短柄，被柔毛。果近球形，径1.2～1.5cm，具小突尖，红色果托高脚杯状，径0.5～1.2cm，花被片宿存。

物候期	花期6～8月，果期9～11月。	生　境	生于海拔600～1300m灌丛中。
分　布	我国主要分布于四川、湖北、重庆等省区。在重庆，分布于城口、巫溪、奉节、南川、彭水等地。在彭水，分布于摩围山。		
应用价值	根皮、果实入药，用于骨痛、风湿痛、跌打损伤、出血。		

细叶楠 *Phoebe hui* W. C. Cheng ex Yen C. Yang

樟科 Lauraceae　　楠属 *Phoebe*

【形态特征】乔木，高达25m；树皮暗灰色，平滑。小枝细，幼时密被灰白色或灰褐色柔毛，后渐脱落疏被柔毛。叶椭圆形、椭圆状倒披针形或椭圆状披针形，长5～10cm，先端多尾尖，基部窄楔形，上面无毛或沿中脉被柔毛，下面密被平伏灰白色柔毛，中脉细，侧脉10～12对，纤细，横脉及细脉在下面不明显；叶柄长0.6～1.6cm，被毛。圆锥花序长4～8cm。花长2.5～3mm，花被片两面密被灰白色长柔毛；能育雄蕊花丝被毛。果椭圆形，长1.1～1.4cm；果柄不增粗；宿存花被片紧贴。

物候期	花期4～5月，果期8～9月。
生境	生于海拔1500m以下密林中，常与楠木混生。
分布	我国主要分布于陕西、四川、云南、重庆等省区。重庆市零星分布或作为行道树栽培。在彭水，分布于万足镇、绍庆街道阿依河。
保护利用现状	中国特有植物，国家二级重点保护野生植物，重庆市市级保护植物，《中国生物多样性红色名录——高等植物卷》(2020)评为“VU(易危)”，主要采用原地保护。
应用价值	细叶楠因其木材坚硬致密，不翘不裂，不易腐朽，削面光滑美观，芳香而有光泽，为上等建筑、造船、家具、雕刻和精密模具的优良用材，也是商品“金丝楠木”的主要来源之一。细叶楠枝叶繁茂，树姿挺拔秀丽，树冠广阔，绿荫效果良好，也可作庭院风景树、绿荫树和行道树。

楠木 *Phoebe zhennan* S. K. Lee & F. N. Wei

樟科 Lauraceae　楠属 *Phoebe*

【形态特征】乔木，高达30m。小枝被黄褐色或灰褐色柔毛。叶椭圆形，稀披针形或倒披针形，长7～13cm，先端渐尖或尾尖，基部楔形，上面无毛或沿中脉下部被柔毛，下面密被短柔毛，脉上被长柔毛，横脉及细脉在下面稍明显，不结成网格状，侧脉8～13对；叶柄长1～2.2cm，被毛。聚伞状圆锥花序长6～12cm，开展，被毛，最下部分枝长2.5～4cm。花长3～4mm，花被片两面被黄色毛；花丝被毛。果椭圆形，长1.1～1.4cm；果柄稍粗；宿存花被片紧贴，两面被毛。

物候期	花期4～5月，果期9～10月。	生境	生于海拔1100m以下湿润沟谷及溪边。
分布	我国主要分布于湖北、贵州、四川、重庆等省区。重庆零星分布或作为行道树栽培。在彭水，分布于新田镇。		
保护利用现状	中国特有植物，国家二级重点保护野生植物，《中国生物多样性红色名录——高等植物卷》（2020）评为“EN（濒危）”。		
应用价值	树干通直，叶终年不谢，为很好的绿化树种。楠木是我国珍贵用材树种，商品名“金丝楠木”，素以材质优良闻名国内外，是楠木属中经济价值最高的一种，木材纹理致密，有香气，结构细，强度中等，不变形，易加工，为上等建筑、家具、雕刻的良材；种子可以榨油；树姿优美，是著名的庭院观赏和城市绿化树种。		

狭叶金粟兰 *Chloranthus angustifolius* Oliv.

金粟兰科 Chloranthaceae　　金粟兰属 *Chloranthus*

【形态特征】多年生草本，高达45cm。根茎深黄色。茎单生或数个丛生，下部节上对生2鳞叶。叶对生，8～10片，纸质，叶窄披针形或窄椭圆形，长5～11cm，先端渐尖，基部楔形，具锐腺齿，近基部全缘，两面无毛，侧脉4～6对；叶柄长0.7～1cm；鳞叶三角形，膜质；托叶线形或钻形。穗状花序单一，顶生，长5～8cm，花序梗长约1cm；苞片宽卵形或近半圆形，全缘，稀2浅裂。花白色；雄蕊3，药隔线形，长4～6cm。核果倒卵圆形或近球形，长约2.5cm；近无柄。

物候期	花期4月，果期5月。	生　境	生于海拔650～1200m山坡林下或岩石下阴湿地。
分　布	我国主要分布于湖北、四川、重庆等省区。在重庆，分布于武隆、彭水等地。在彭水，分布于润溪乡。		
应用价值	全草入药，可祛风湿、通经。		

金钱蒲 *Acorus gramineus* Soland.

菖蒲科 Acoraceae　　菖蒲属 *Acorus*

【形态特征】多年生草本。根茎长5～10cm，芳香。叶基对折，两侧膜质叶鞘棕色，脱落；叶片质地较厚，线形，绿色，长20～30cm，宽不及6mm，无中肋，平行脉多数。花序梗长2.5～9（～15）cm，叶状佛焰苞长3～9（～14）cm，宽1～2mm；肉穗花序黄绿色，圆柱形，长3～9.5cm，径3～5mm。果序径达1cm；果黄绿色。

物候期	花期5～6月，果期7～8月。	生境	生于海拔1800m以下水边湿地或岩石上。
分布	我国主要分布于浙江、江西、湖北、湖南、广东、广西、陕西、甘肃、四川、重庆、贵州、云南、西藏等省区。在重庆分布于巫溪、奉节、万州、忠县、丰都、涪陵、武隆、彭水、南川等地。在彭水，分布于长生镇。		
应用价值	根状茎入药，具有化湿开胃、开窍豁痰、醒神益智之功效。用于脘痞不饥、噤口下痢、神昏癫痫、健忘耳聋。		

滇魔芋 *Amorphophallus yunnanensis* Engl.

天南星科 Araceae　　魔芋属 *Amorphophallus*

【形态特征】块茎球形，径4～7cm。叶单生，直立，无毛，叶深绿色，径0.8～1cm，下部小裂片椭圆形或披针形，长5～7.5cm，顶生小裂片披针形，长15～25cm，锐尖，基部一侧下延达4～8mm；叶柄长达1m，绿色，具暗绿色、绿白色菱形斑块。花序梗长25～80cm，径1cm，与叶柄具同样斑块；佛焰苞长15～18cm，舟状，卵形或披针形，直立，径3～5cm，基部席卷，绿色，具绿白色斑点；肉穗花序长6.8～9cm，梗长0.5～1.3cm或无梗；雌花序长1.5～3.5cm，绿色；雄花序圆柱形或椭圆状，长1.5～4cm，白色；附属器短圆锥形，长3.8～5cm，平滑，乳白色或暗青紫色。雄花花丝分离，极短，花药长2～5mm，倒卵状长圆形，顶部平截，肾形，室孔邻接；雌花子房球形，花柱长1.5mm，柱头点状。

物候期	花期4～5月。	生　境	生于海拔200～4000m河谷边疏林中。
分　布	我国主要分布于广西、贵州、云南、重庆等省区。本次发现为重庆市新分布。在彭水，分布于润溪乡、绍庆街道阿依河。		
应用价值	块茎入药，外用于疮疡、肿毒、瘰疬、红斑狼疮及毒蛇咬伤。		

一把伞南星 *Arisaema erubescens* (Wall.) Schott

天南星科 Araceae 天南星属 *Arisaema*

【形态特征】块茎扁球形，径达6cm。鳞叶绿白色或粉红色，有紫褐色斑纹。叶1，极稀2；叶放射状分裂，幼株裂片3～4，多年生植株裂片多至20，披针形、长圆形或椭圆形，无柄，长（6～）8～24cm，长渐尖，具线形长尾或无；叶柄长40～80cm，中部以下具鞘，红色或深绿色，具褐色斑块。花序梗比叶柄短，色泽与斑块和叶柄同，直立；佛焰苞绿色，背面有白色条纹，或淡紫色，管部圆筒形，长4～8mm，喉部边缘平截或稍外卷，檐部三角状卵形或长圆状卵形，长4～7cm，先端渐窄，略下弯；雄肉穗花序长2～2.5cm，花密；雌花序长约2cm；附属器棒状或圆柱形，长2～4.5cm；雄花序的附属器下部光滑或有少数中性花；雌花序具多数中性花。雄花具短梗，淡绿色、紫色或暗褐色，雄蕊2～4，药室近球形，顶孔开裂；雌花子房卵圆形，无花柱。浆果红色，种子1～2。

物候期	花期5～7月，果期9月。	生境	生于海拔3200m以下林下、灌丛、草坡、荒地。
分布	在我国，除内蒙古、黑龙江、吉林、辽宁、山东、江苏、新疆外，各省区都有分布。在重庆，各区县均有分布。在彭水，分布于保家镇、鹿角镇、靛水街道摩围山。		
应用价值	块茎入药，有毒，具有燥湿化痰、祛风止痉、散结消肿之功效。用于顽痰咳嗽、风疾眩晕、中风痰壅、口眼歪斜、半身不遂、癫痫、惊风、破伤风。外用于痈肿、毒蛇咬伤。		

花南星 *Arisaema lobatum* Engl.

天南星科 Araceae　天南星属 *Arisaema*

【形态特征】块茎近球形，径1～4cm。叶1或2；叶3全裂，中裂片具1.5～5cm长的柄，长圆形或椭圆形，长8～22cm，侧裂片无柄，长圆形，外侧宽为内侧的2倍，下部1/3具宽耳，长5～23cm；叶柄长17～35cm，下部1/2～2/3具鞘，黄绿色，有紫色斑块。花序梗与叶柄近等长，常较短；佛焰苞外面淡紫色，管部漏斗状，长4～7cm，上部径1～2.5cm，喉部无耳，斜截，檐部披针形，长4～7cm，深紫色或绿色；雄肉穗花序长1.5～2.5cm，花疏；雌花序圆柱形或近球形，长1～2cm；附属器绿白色，无斑点，具长6mm的细柄，基部平截，径4～6mm，中部稍缢缩，向上棒状，先端钝圆，长4～5cm，直立。雄花具短梗，花药2～3，药室卵圆形，青紫色，顶孔纵裂；雌花子房倒卵圆形，无花柱。浆果种子3。

物候期	花期4～7月，果期8～9月。	生境	生于海拔600～3300m林下、草坡或荒地。
分布	我国特有植物，主要分布于云南、贵州、四川、重庆、甘肃、陕西、广西、湖南、湖北、河南、江西、浙江、安徽等省区，以四川最普遍。在重庆，分布于巫溪、巫山、奉节、武隆、彭水、南川等地。在彭水，分布于靛水街道摩围山、黄家镇。		
应用价值	块茎入药，代天南星，作箭毒药，可治眼镜蛇咬伤，也可外包治疟疾。		

滴水珠 *Pinellia cordata* N. E. Br.

天南星科 Araceae 半夏属 *Pinellia*

【形态特征】块茎球形、卵球形或长圆形，长2～4cm，密生多数须根。叶1；幼株叶心状长圆形，长4cm，多年生植株叶心形、心状三角形、心状长圆形或心状戟形，全缘，上面绿色或暗绿色，下面淡绿色或红紫色，两面沿脉颜色较淡，先端长渐尖，有时尾状，基部心形，长6～25cm，后裂片圆形或尖，稍外展；叶柄长12～25cm，常紫色或绿色，具紫色斑，几无鞘，下部及顶头有珠芽。花序梗长3.7～18cm；佛焰苞绿色、淡黄色带紫色或青紫色，长3～7cm，管部长1.2～2cm，檐部椭圆形，长1.8～4.5cm，直立或稍下弯，展平宽1.2～3cm；雌肉穗花序长1～1.2cm；雄花序长5～7mm；附属器青绿色，长6.5～20cm，线形，略上升。

物候期	花期3～6月，果期8～9月。
生境	生于海拔800m以下林下溪旁、潮湿草地、岩石边或岩隙中。
分布	我国特有植物，主要分布于安徽、浙江、江西、福建、湖北、湖南、广东、广西、贵州、重庆等省区。在重庆，分布于石柱、秀山、南川、彭水等地。在彭水，分布于绍庆街道阿依河。
应用价值	块茎入药，有小毒，能解毒止痛、散结消肿。主治毒蛇咬伤、胃痛、腰痛、漆疮、过敏性皮炎；外用治痈疮肿毒、跌打损伤、颈淋巴结结核、乳腺炎、深部脓肿。

穿龙薯蓣 *Dioscorea nipponica* Makino

薯蓣科 Dioscoreaceae　　薯蓣属 *Dioscorea*

【形态特征】缠绕草质藤本。根状茎横生，栓皮片状剥离。茎左旋，近无毛。叶掌状心形，长10～15cm，不等大三角状浅裂、中裂或深裂，顶端叶片近全缘，下面无毛或被疏毛。雄花无梗，常2～4花簇生，集成小聚伞花序再组成穗状花序，花序顶端常为单花；花被碟形，顶端6裂，雄蕊6。雌花序穗状，常单生。蒴果翅长1.5～2cm，宽0.6～1cm；每室2种子，生于果轴基部。种子四周有不等宽的薄膜状翅，上方呈正方形，长约2倍于宽。

物候期	花期6～8月，果期8～10月。
生境	生于海拔100～1700m河谷山坡灌丛中、疏林内及林缘。
分布	我国主要分布于辽宁、吉林、黑龙江、内蒙古、北京、天津、河北、山西、山东、河南、安徽、浙江、江西、陕西、甘肃、宁夏、青海、四川、重庆等省区。在重庆，分布于万州、南川、彭水等地。在彭水，分布于靛水街道。
保护利用现状	重庆市重点保护野生植物，主要采用原地保护。
应用价值	根状茎含薯蓣皂苷元，是合成甾体激素药物的重要原料；民间用来治腰腿疼痛、筋骨麻木、跌打损伤、咳嗽喘息。

万寿竹 *Disporum cantoniense* (Lour.) Merr.

秋水仙科 Colchicaceae 万寿竹属 *Disporum*

【形态特征】根状茎粗，多少匍匐，无匍匐茎；根粗长，肉质。茎高达1.5m，径约1cm，上部有较多叉状分枝。叶纸质，披针形或窄椭圆状披针形，长5～12cm，宽1～5cm，先端渐尖或长渐尖，基部近圆，有3～7脉，下面脉上和边缘有乳头状突起；叶柄短。伞形花序有3～10花，着生于上部叶对生的短枝顶端。花梗长1～4cm，稍粗糙；花紫色；花被片斜出，倒披针形，长1.5～2.8cm，宽4～5mm，边缘有乳头状突起，基部距长2～3mm；雄蕊内藏，花药长3～4mm，花丝长0.8～1.1cm；子房长约3mm。浆果径0.8～1cm，有2～5种子。种子暗棕色，径约5mm。

物候期	花期5～7月，果期8～10月。	生境	生于海拔700～3000m灌丛中或林下。
分布	我国主要分布于台湾、福建、安徽、湖北、湖南、广东、广西、贵州、云南、四川、重庆、陕西和西藏等省区。在重庆，分布于城口、巫溪、巫山、奉节、丰都、彭水、酉阳、秀山、南川、江津等地。在彭水，分布于龙溪镇。		
应用价值	根状茎有祛风湿、舒筋活络的功能。		

少花万寿竹 ***Disporum uniflorum*** **Baker ex S. Moore**

秋水仙科 Colchicaceae　　万寿竹属 *Disporum*

【形态特征】根状茎短，或多或少匍匐，径4～7mm，匍匐茎长1～5cm。茎高达80cm，上部分枝或不分枝。叶宽椭圆形或长圆状卵形，长4～9cm，宽1～6.5cm，基部近圆或宽楔形，无毛。伞形花序生于茎和分枝顶端，具1～3花。花黄色，花被片匙状倒披针形或倒卵形，长2～3cm，宽0.5～1cm，基部距长1～2mm；雄蕊长1.8～2.8cm，不伸出花被，花药长4～8mm，花丝长1.5～2cm；子房长4～5mm，花柱长1.5～2.3cm。浆果近球形，成熟时蓝黑色，径0.8～1cm。

物候期	花期5～6月，果期7～11月。	生境	生于海拔100～2500m林下。
分布	我国主要分布于浙江、江苏、安徽、江西、湖南、山东、河南、河北、陕西、四川、重庆、贵州、云南、广西、广东、福建和台湾等省区。在重庆，分布于南川、武隆、巫溪、彭水等地。在彭水，分布于靛水街道摩围山。		

菝葜 *Smilax china* L.

菝葜科 Smilacaceae　　菝葜属 *Smilax*

【形态特征】攀缘灌木。根状茎不规则块状，径2～3cm。茎长1～5m，疏生刺。叶薄革质，干后常红褐色或近古铜色，圆形、卵形或宽卵形，长3～10cm，下面粉霜多少可脱落，常淡绿色；叶柄长0.5～1.5cm，鞘一侧宽0.5～1mm，长为叶柄的1/2～2/3，与叶柄近等宽，几全部具卷须，脱落点近卷须。伞形花序生于叶尚幼嫩的小枝上，有十几朵或更多的花，常球形；花序梗长1～2cm；花序托稍膨大，常近球形，稀稍长，具小苞片。花绿黄色，外花被片长3.5～4.5mm，宽1.5～2mm，内花被片稍窄；雄花花药比花丝稍宽，常弯曲；雌花与雄花大小相似，有6枚退化雄蕊。浆果径0.6～1.5cm，熟时红色，有粉霜。

物候期	花期2～5月，果期9～11月。
生境	生于海拔1800m以下林内、灌丛中、河谷或山坡。
分布	我国主要分布于山东、江苏、浙江、福建、台湾、江西、安徽、河南、湖北、四川、重庆、云南、贵州、湖南、广西和广东等省区。在重庆，分布于城口、巫山、奉节、万州、忠县、涪陵、垫江、石柱、秀山、南川、巴南、大足、铜梁、合川、璧山、彭水等地。在彭水，分布于普子镇、郁山镇。
应用价值	叶可入药，外用于痈疽疔疮、烫伤。

土茯苓 *Smilax glabra* Roxb.

菝葜科 Smilacaceae　　菝葜属 *Smilax*

【形态特征】攀缘灌木。根状茎块状，常由匍匐茎相连，径2～5cm。茎长达4m，无刺。叶薄革质，窄椭圆状披针形，长6～15cm，宽1～7cm，下面常绿色，有时带苍白色；叶柄长0.5～1.5cm，窄鞘长为叶柄的3/5～1/4，有卷须，脱落点位于近顶端。伞形花序常有10余花；花序梗长1～5mm，常短于叶柄；花序梗与叶柄之间有芽；花序托膨大，多少呈莲座状，宽2～5mm。花绿白色，六棱状球形，径约3mm；雄花外花被片近扁圆形，宽约2mm，兜状，背面中央具槽，内花被片近圆形，宽约1mm，有不规则齿；雄蕊靠合，与内花被片近等长，花丝极短；雌花外形与雄花相似，内花被片全缘，具3枚退化雄蕊。浆果径0.7～1cm，成熟时紫黑色，具粉霜。

物候期	花期7～11月，果期11月至翌年4月。
生　　境	生于海拔1800m以下林内、灌丛中、河岸、山谷及林缘。
分　　布	我国主要分布于甘肃南部和长江流域以南各省区，直到台湾、海南岛和云南。重庆全市均有分布。在彭水，分布于棣棠乡。
应用价值	根状茎富含淀粉，可制糕点或酿酒；药用有解毒、除湿、利关节功能。

野百合 *Lilium brownii* F. E. Br. ex Miellez

百合科 Liliaceae　百合属 *Lilium*

【形态特征】鳞茎球形，径2～4.5cm；鳞片披针形，长1.8～4cm，无节。茎高达2m，有的有紫色纹，有的下部有小乳头状突起。叶散生，披针形、窄披针形或线形，长7～15cm，宽0.6～2cm，全缘，无毛。花单生或几朵呈近伞形。花梗长3～10cm；苞片披针形，长3～9cm，花喇叭形，有香气，乳白色，外面稍紫色，向外张开或先端外弯，长13～18cm；外轮花被片宽2～4.3cm，内轮花被片宽3.4～5cm，蜜腺两侧具小乳头状突起；雄蕊上弯，花丝长10～13cm，中部以下密被柔毛，稀疏生毛或无毛，花药长1.1～1.6cm；子房长3.2～3.6cm，径约4mm，花柱长8.5～11cm。蒴果长4.5～6cm，径约3.5cm，有棱。

物候期	花期5～6月，果期9～10月。
生境	生于海拔100～2150m山坡、灌丛中、溪边或石缝中。
分布	我国主要分布于广东、广西、湖南、湖北、江西、安徽、福建、浙江、四川、重庆、云南、贵州、陕西、甘肃和河南等省区。在重庆分布于城口、奉节、垫江、丰都、石柱、武隆、酉阳、南川、黔江、大足、璧山、江津、铜梁、永川、荣昌、彭水等地。在彭水，各乡镇均有分布。
应用价值	鳞茎富含淀粉，可食，也可药用，养阴润肺，清心安神。

金兰 *Cephalanthera falcata* (Thunb. ex A. Murray) Blume

兰科 Orchidaceae　　头蕊兰属 *Cephalanthera*

【形态特征】陆生兰，高20～45cm，具粗短的根状茎。茎直立，基部具3～5枚鞘。叶互生，4～7枚，椭圆形、椭圆状披针形至卵状披针形，渐尖或急尖，基部收狭抱茎。总状花序常有5～10朵花；花苞片很小，短于子房；花黄色，直立，不张开或稍微张开；萼片菱状椭圆形，长13～15mm，钝或急尖；具5脉；花瓣与萼片相似，但较短；唇瓣长8～9mm，基部具囊，唇瓣的前部近扁圆形，长约5mm，宽8～9mm，上部不裂或浅3裂，上面具5～7条纵褶片，近顶端处密生乳突；唇瓣的后部凹陷，内无褶片；侧裂片三角形，或多或少抱蕊柱；囊明显伸出侧萼片之外，顶端钝；子房条形，长1～1.5cm，无毛。

生　境	生于林下。
分　布	我国主要分布于江苏、安徽、浙江、江西、湖北、湖南、广东、广西、四川、重庆和贵州等省区。在重庆，分布于奉节、石柱、黔江、南川、彭水等地。在彭水，分布于靛水街道摩围山。
应用价值	全草入药，具有清热解毒、泻火、消肿止痛、祛风、健脾、活血之功效。用于脾虚食少、咽喉痛、牙痛、风湿痹痛、扭伤、骨折、毒蛇咬伤。

兔耳兰 *Cymbidium lancifolium* Hook.

兰科 Orchidaceae　　兰属 *Cymbidium*

【形态特征】半附生草本。假鳞茎近扁圆柱形或窄梭形。顶端聚生2～4叶。叶倒披针状长圆形或窄椭圆形，长6～17cm；叶柄长3～18cm。花葶生于假鳞茎下部侧面节上，长8～20cm，花序具2～6花。苞片披针形，长1～1.5cm；花梗和子房长2～2.5cm；花常白色或淡绿色，花瓣中脉紫栗色，唇瓣有紫栗色斑；萼片倒披针状长圆形，长2.2～2.7cm；花瓣近长圆形，长1.5～2.3cm，唇瓣近卵状长圆形，长1.5～2cm，稍3裂，侧裂片直立，中裂片外弯，唇盘2褶片上端内倾靠合形成短管；蕊柱长约1.5cm。蒴果窄椭圆形，长约5cm。

物候期	花期5～8月。
生　境	生于海拔300～2200m疏林下、竹林下、林缘、阔叶林下或溪谷旁岩石、树干或地上。
分　布	我国主要分布于浙江、福建、台湾、湖南、广东、海南、广西、四川、重庆、贵州、云南和西藏等省区。在重庆分布于云阳、万州、南川、彭水等地。在彭水，分布于朗溪乡。
应用价值	全草入药，具有补肝肺、祛风除湿、强筋骨、清热解毒、消肿、润肺、宁神、固气、利水之功效。

绿花杓兰 *Cypripedium henryi* Rolfe

兰科 Orchidaceae　　杓兰属 *Cypripedium*

【形态特征】植株高达60cm。茎直立，被短柔毛。叶4～5，椭圆状或卵状披针形，长10～18cm，无毛或在背面近基部被短柔毛。花序顶生，具2～3花。苞片常无毛，稀背面脉上被疏柔毛。花梗和子房密被白色腺毛。花绿色或绿黄色；中萼片卵状披针形，长3.5～4.5cm，背面脉上和近基部处稍有短柔毛，合萼片与中萼片相似，先端2浅裂；花瓣线状披针形，长4～5cm，宽5～7mm，稍扭转，背面中脉有短柔毛，唇瓣深囊状，长2cm，囊底有毛；退化雄蕊椭圆形或卵状椭圆形，长6～7mm，花丝长2～3mm。蒴果近椭圆形或窄椭圆形，长达3.5cm，被毛。

物候期	花期4～5月，果期7～9月。
生境	生于海拔800～2800m疏林下、林缘、灌丛坡地及湿润和腐殖质丰富之地。
分布	我国主要分布于山西、甘肃、陕西、湖北、四川、重庆、贵州和云南等省区。在重庆，分布于城口、巫溪、巫山、奉节、彭水、石柱、黔江、南川等地。在彭水，分布于联合乡。
保护利用现状	国家二级重点保护野生植物，《中国生物多样性红色名录——高等植物卷》（2020）评为“NT（近危）”，主要采用原地保护。
应用价值	全草入药，具有活血、祛痰、行水之功效。

扇脉杓兰 *Cypripedium japonicum* Thunb.

兰科 Orchidaceae 杓兰属 *Cypripedium*

【形态特征】植株高达55cm。根状茎较细长，横走。茎直立，被褐色长柔毛。叶常2枚，近对生，生于植株近中部。叶扇形，长10～16cm，宽10～21cm，上部边缘钝波状，基部近楔形，具扇形辐射状脉直达边缘，两面近基部均被长柔毛。花序顶生1花，花序梗被褐色长柔毛。苞片两面无毛；花梗和子房密被长柔毛；花俯垂；萼片和花瓣淡黄绿色，基部多少有紫色斑点，唇瓣淡黄绿色或淡紫白色，多少有紫红色斑纹；中萼片窄椭圆形或窄椭圆状披针形，长4.5～5.5cm，无毛，合萼片与中萼片相似，长4～5cm，先端2浅裂；花瓣斜披针形，长4～5cm，宽1～1.2cm，唇瓣下垂，囊状，长4～5cm，囊口略窄长，位于前方，周围有凹槽，呈波浪状缺齿；退化雄蕊椭圆形，长约1cm，基部有短耳。蒴果近纺锤形，长4.5～5cm，疏被微柔毛。

物候期	花期4～5月，果期6～10月。
生境	生于海拔1000～2000m林下、灌木林下、林缘、溪谷旁、荫蔽山坡湿润和腐殖质丰富的土壤。
分布	我国主要分布于陕西南部、甘肃南部、安徽、浙江、江西、湖北、湖南、四川、重庆和贵州等省区。在重庆，分布于城口、巫溪、巫山、奉节、开州、黔江、南川、彭水等地。在彭水，分布于黄家镇、绍庆街道阿依河。
保护利用现状	国家二级重点保护野生植物，主要采用原地保护。
应用价值	根入药，具有清热解毒、活血调经、祛风镇痛之功效。用于月经不调、痛经、劳伤、皮肤瘙痒、荨麻疹、无名肿毒、疟疾、跌打损伤、风湿痹痛、蛇咬伤。

大花羊耳蒜 *Liparis distans* C. B. Clarke

兰科 Orchidaceae　　羊耳蒜属 *Liparis*

【形态特征】附生草本。假鳞茎密集，近圆柱形或窄卵状圆柱形，顶端或近顶端具2叶。叶倒披针形或线状倒披针形，纸质，长15～35cm，宽1～2.8cm，叶柄长2～6cm，有关节。花葶长达39cm，花序长达20cm，具数朵至10余花。苞片近钻形；花梗和子房长1.4～2.2cm；花黄绿色或橘黄色；萼片线形，长（0.8～）1～1.6cm，宽约2mm，边缘常外卷，侧萼片常略短于中萼片；花瓣近丝状，长1.2～1.6cm，宽0.3～0.5mm，唇瓣宽长圆形、宽椭圆形或圆形，长1～1.4cm，宽1～1.1cm，略有不规则细齿，有爪及具槽的胼胝体；蕊柱长5～6mm，上部具窄翅，基部稍扩大。蒴果窄倒卵状长圆形，长1.5～1.8cm。

物候期	花期10月至翌年2月，果期翌年6～7月。	生　境	生于沟谷旁树上或岩石上。
分　布	我国主要分布于台湾、海南、广西、四川、重庆、贵州和云南等省区。在重庆分布于巫溪、涪陵、彭水、南川等地。在彭水，分布于绍庆街道阿依河。		
应用价值	全草入药，具有消肿、生津、养阴解毒之功效。用于肺热咳嗽、肺炎、酒精中毒等症。		

西南齿唇兰 *Odontochilus elwesii* C. B. Clarke ex Hook. f.

兰科 Orchidaceae　　齿唇兰属 *Odontochilus*

【形态特征】植株高达25cm。茎无毛，具6～7叶。叶卵形或卵状披针形，上面暗紫色或深绿色，有时具3条带红色脉，下面淡红色或淡绿色，长1.5～5cm；叶柄长0.5～2cm，基部鞘状抱茎。花序具2～4较疏生花，花序轴和花序梗均被柔毛，花序梗较长，具1～3鞘状苞片。苞片卵形，长5mm，被柔毛；子房扭转，被柔毛，连花梗长达1.3cm；花长约4cm，萼片绿色或白色，先端和中部带紫红色，被柔毛，中萼片舟状，长7mm，从先端至下部具2条紫红色粗纹，与花瓣粘贴呈兜状，侧萼片稍张开，斜卵形，长1cm，基部包唇瓣的囊；花瓣白色，较萼片薄，镰状，长7mm，外侧较内侧宽，稍内弯，无毛，唇瓣位于下方，前伸，长达1.5cm，呈“Y”字形，无毛，前部扩大，白色，长约1.2cm，2裂，裂片长方形或近半卵形，长约1cm，顶部和外侧具波状齿，中部爪暗紫色，长5～7mm，前部两侧各具4～5条不整齐短齿，后部两侧具细圆齿，基部呈球形囊，囊长约2.5mm，末端2浅裂，内面具隔膜状褶片，褶片基部两侧各具1肉质胼胝体，胼胝体近四方形，顶部凹缺，蕊柱粗，长4mm，前面两侧各具1枚近长圆形片状附属物，上部披针形；花药窄卵形；蕊喙小，直立，2裂，柱头2，近圆形，位于蕊喙前方基部。

物候期	花期7～8月。	生境	生于海拔300～1500m山坡或沟谷常绿阔叶林下阴湿处。
分布	我国主要分布于台湾、广西、四川、重庆、贵州和云南等省区。在重庆，分布于城口、南川、彭水等地。在彭水，分布于绍庆街道阿依河。		
应用价值	全草入药，具有消肿、止痛之功效。用于跌打损伤。		

麻栗坡兜兰 *Paphiopedilum malipoense* S. C. Chen & Z. H. Tsi

兰科 Orchidaceae　　兜兰属 *Paphiopedilum*

【形态特征】地下根状茎短，直生。叶基生，2列，7～8枚，长圆形或窄椭圆形，革质，长10～23cm，先端具稍不对称的弯缺，上面有深绿色及淡绿色相间的网格斑，下面紫色或具紫色斑点，稀无紫点。花葶直立，长达40cm，具锈色长柔毛，顶生1花。花梗和子房具长柔毛；花径8～9cm，黄绿色或淡绿色，花瓣有紫褐色条纹或斑点条纹，唇瓣有时有不甚明显紫褐色斑点；中萼片椭圆状披针形，长3.5～4.5cm，内面疏被微柔毛，背面具长柔毛，合萼片卵状披针形，长3.5～4.5cm，先端略2齿裂；花瓣倒卵形、卵形或椭圆形，长4～5cm，两面被微柔毛，唇瓣深囊状，近球形，长与宽均4～4.5cm；蒴果长圆柱形，棱状，绿色，密被长柔毛，长3～7cm。

物候期	花期12月至翌年3月。
生境	生于海拔300～800m石灰岩山坡林下或积土岩壁上。
分布	我国主要分布于广西、贵州、重庆和云南等省区。在重庆，分布于南川、彭水等地。在彭水，分布于朗溪乡田湾村、龙塘乡石园村、黄家镇漆红村。
保护利用现状	国家一级重点保护野生植物，重庆市市级保护植物，《中国生物多样性红色名录——高等植物卷》(2020）评为“CR（极危）”，主要采用原地保护。
应用价值	兜兰花比较雅致，色彩庄重，带有不规则斑点或条纹。花瓣较厚，花朵开放期比较长。属观赏类花草。

绶草 *Spiranthes sinensis* (Pers.) Ames

兰科 Orchidaceae　　绶草属 *Spiranthes*

【形态特征】植株高达30cm。茎近基部生2～5叶。叶宽线形或宽线状披针形，稀窄长圆形，直伸，长3～10cm，宽0.5～1cm，基部具柄状鞘抱茎。花茎高达25cm，上部被腺状柔毛或无毛；花序密生多花，长4～10cm，螺旋状扭转。苞片卵状披针形；子房纺锤形，扭转，被腺状柔毛或无毛，连花梗长4～5mm；花紫红色、粉红色或白色，在花序轴上螺旋状排生；萼片下部靠合，中萼片窄长圆形，舟状，长4mm，宽1.5mm，与花瓣靠合兜状，侧萼片斜披针形，长5mm；花瓣斜菱状长圆形，与中萼片等长，较薄；唇瓣宽长圆形，凹入，长4mm，前半部上面具长硬毛，边缘具皱波状啮齿，唇瓣基部浅囊状，囊内具2胼胝体。

物候期	花期7～8月。
生　境	生于海拔200～3400m山坡林下、灌丛中、草地或河滩沼泽草甸。
分　布	我国各省区均有分布。在重庆，分布于城口、奉节、云阳、武隆、酉阳、南川、彭水等地。在彭水，分布于靛水街道摩围山。
应用价值	全草入药，具有清热解毒、滋阴益气、润肺止咳之功效。用于病后体虚、阴虚内热、神经衰弱、咳嗽吐血、肺结核、咽喉肿痛、扁桃体炎、牙痛、指头炎、肺炎、肾炎、肝炎、头晕、腰酸、遗精、阳痿、带下、淋浊、疮疡痈肿、带状疱疹、小儿急惊风、糖尿病、毒蛇咬伤。

蝴蝶花 *Iris japonica* Thunb.

鸢尾科 Iridaceae　　鸢尾属 *Iris*

【形态特征】多年生草本。根状茎直立的节间密，横走的细，节间长。叶基生，暗绿色，有光泽，无明显中脉，剑形，长20～60cm，宽1.5～3cm。花茎有5～12侧枝，顶生总状圆锥花序；苞片3～5，膜质，包2～4花。花淡蓝色或蓝紫色，径4.5～5.5cm；花被筒长1.1～1.5cm；外花被裂片卵圆形或椭圆形，长2.5～3cm，有黄色斑纹，有细齿，中脉有黄色鸡冠状附属物，内花被裂片椭圆形，长2.8～3cm；雄蕊花药白色，长0.8～1.2cm：花柱分枝扁平，中脉淡蓝色，顶端裂片深裂成丝状，子房纺锤形。蒴果椭圆状卵圆形，长2.5～3cm，无喙。种子黑褐色，呈不规则多面体。

物候期	花期3～4月，果期5～6月。
生　境	生于山坡较荫蔽湿润的草地、林缘或疏林下。
分　布	我国主要分布于江苏、安徽、浙江、福建、江西、湖北、湖南、广东、广西、云南、贵州、四川、重庆、甘肃、陕西及河南等省区。重庆各区县均有分布。在彭水，各乡镇均有分布。
应用价值	全草入药，具有清热解毒、消肿止痛、逐水燥湿之功效。用于湿热黄疸型肝炎、肝肿大、肝区痛、胃痛、食积胀满、咽喉肿痛、跌打损伤、痈疽疔疖。

小花鸢尾 *Iris speculatrix* Hance

鸢尾科 Iridaceae 鸢尾属 *Iris*

【形态特征】多年生草本。植株基部包有棕褐色老叶鞘纤维。根状茎二歧状分枝，斜伸。叶暗绿色，有光泽，剑形或线形，稍曲，有3～5纵脉，长15～30cm，宽0.6～1.2cm。花茎不分枝或偶有分枝，高20～25cm；苞片2～3，草质，绿色，窄披针形，包1～2花。花蓝紫色或淡蓝色，径5.6～6cm；花被筒短；外花被裂片匙形，长约3.5cm，有深紫色环形斑纹，中脉有黄色鸡冠状附属物，内花被裂片窄倒披针形，长约3.7cm；雄蕊花药白色，长约1.2cm；花柱分枝扁平，长约2.5cm，顶端裂片窄三角形，子房纺锤形。蒴果椭圆形，长5～5.5cm，喙细长；果柄弯成90°。种子多面体形，棕褐色，侧有小翅。

物候期	花期5月，果期7～8月。	生　境	生于山坡、路边、林缘或疏林下。
分　布	我国主要分布于安徽、浙江、福建、湖北、湖南、江西、广东、广西、四川、重庆、贵州等省区。在重庆，分布于南川、南岸、彭水等地。在彭水，分布于长生镇。		
应用价值	根状茎及根有活血、镇痛的功能，治跌打损伤、闪腰挫气。		

忽地笑 *Lycoris aurea* (L'Hér.) Herb.

石蒜科 Amaryllidaceae　　石蒜属 *Lycoris*

【形态特征】多年生草本。鳞茎卵圆形，径约5cm。叶秋季抽出，剑形，长约60cm，宽1.7～2.5cm，先端渐尖，中脉淡色带明显。花茎高约60cm，顶生伞形花序有4～7花；总苞片2，披针形，长约3.5cm，宽约8mm。花两侧对称，黄色，花被筒长1.2～1.5cm，花被裂片倒披针形，长约6cm，宽约1cm，外弯，背面中脉具淡绿色带，边缘波状皱缩；雄蕊稍伸出花被，比花被长约1/6，花丝黄色；花柱上部玫瑰红色。蒴果具3棱。种子少数，近球形，黑色。

物候期	花期8～9月，果期10月。	生　境	生于山坡阴湿地；庭院有栽培。

分　布	我国主要分布于福建、台湾、湖北、湖南、广东、广西、四川、重庆、云南等省区。在重庆分布于城口、石柱、武隆、彭水、南川、巴南等地。在彭水，分布于高谷镇庞溪村。
应用价值	鳞茎入药，具有清热解毒、消肿、润肺祛痰、止咳、催吐之功效。用于肺热咳嗽、阴虚、痨热不退、咳血、肺结核、痈肿疮毒、无名肿毒、痞块、疮疖癣疥、虫疮作痒、耳下红肿、烧烫伤。是提取加兰他敏的良好原料，此成分为治疗小儿麻痹后遗症的药物。

石蒜 *Lycoris radiata* (L'Hér.) Herb.

石蒜科 Amaryllidaceae　　石蒜属 *Lycoris*

【形态特征】多年生草本。鳞茎近球形，径1～3cm。叶深绿色，秋季出叶，窄带状，长约15cm，宽约5mm，先端钝，中脉具粉绿色带。花茎高约30cm，顶生伞形花序有4～7花；总苞片2，披针形，长约35mm，宽约5mm。花两侧对称，鲜红色，花被筒绿色，长约5mm；花被裂片窄倒披针形，长约3cm，宽约5mm，外弯，边缘皱波状；雄蕊伸出花被，比花被长约1倍。

物候期	花期8～9月，果期10月。	生　境	生于河谷或沟边阴湿石缝中。
分　布	我国主要分布于山东、河南、安徽、江苏、浙江、江西、福建、湖北、湖南、广东、广西、陕西、四川、重庆、贵州、云南等省区。在重庆，分布于万州、南川、彭水等地。在彭水，分布于高谷镇黄坡岭。		
应用价值	鳞茎入药，具有解毒消肿、祛痰平喘、利尿、催吐、杀虫之功效。用于咽喉肿痛、水肿、小便不利、痈肿疮毒、疔疮疖肿、淋巴结结核、瘰疬、咳嗽痰喘、食物中毒、毒蛇咬伤，亦可灭疽。		

天门冬 *Asparagus cochinchinensis* (Lour.) Merr.

天门冬科 Asparagaceae　　天门冬属 *Asparagus*

【形态特征】 攀缘植物。根中部或近末端呈纺锤状，膨大部分长3～5cm，径1～2cm。茎平滑，常弯曲或扭曲，长1～2m，分枝具棱或窄翅。叶状枝常3成簇，扁平或中脉龙骨状微呈锐三棱形，稍镰状，长0.5～8cm，宽1～2mm；茎鳞叶基部延伸为长2.5～3.5mm的硬刺，分枝刺较短或不明显。花常2朵腋生，淡绿色。花梗长2～6mm，关节生于中部；雄花花被长2.5～3mm，花丝不贴生花被片，雌花大小和雄花相似。浆果径6～7mm，成熟时红色，具1种子。

物候期	花期5～6月，果期8～10月。
生境	生于海拔1750m以下山坡、路边、疏林下、山谷或荒地。
分布	我国主要分布于河北、山西、陕西、甘肃等省的南部，至华东、中南、西南各省区。在重庆，分布于奉节、垫江、石柱、黔江、彭水、酉阳、秀山、南川、南岸、北碚等地。在彭水，分布于绍庆街道阿依河。
应用价值	块根入药，具有养阴生津、润肺清心之功效。用于肺燥干咳、虚劳咳嗽、津伤口渴、心烦失眠、内热消渴、肠燥便秘、白喉。

短梗天门冬 *Asparagus lycopodineus* (Baker) F. T. Wang & Tang

天门冬科 Asparagaceae 天门冬属 *Asparagus*

【形态特征】直立草本，高达1m。根常距基部1～4cm处呈纺锤状。茎平滑或略有条纹，上部有时具翅，分枝有翅。叶状枝常3成簇，扁平，镰状，长（0.2～）0.5～1.2cm，宽1～3mm，有中脉；鳞叶基部近无距。花1～4腋生，白色。花梗长1～1.5mm；雄花花被长3～4mm；雄蕊不等长，花丝下部贴生花被片；雌花花被长约2mm。浆果径5～6mm，具2种子。

物候期	花期5～6月，果期8～9月。	生境	生于海拔450～2600m灌丛中或林下。
分布	我国主要分布于云南、广西、贵州、四川、重庆、湖南、湖北、陕西和甘肃等省区。在重庆，分布于城口、彭水、酉阳、秀山、南川、大足、江津、永川、彭水等地。在彭水，分布于万足镇、绍庆街道阿依河。		
应用价值	块根有止咳、化痰、平喘之功能。		

深裂竹根七 *Disporopsis pernyi* (Hua) Diels

天门冬科 Asparagaceae 竹根七属 *Disporopsis*

【形态特征】根状茎圆柱状，径0.5～1cm。茎高达40cm，具紫色斑点。叶纸质，披针形、长圆状披针形、椭圆形或近卵形，长5～13cm，宽1.2～6cm，无毛，具柄。花1～2（～3）朵生于叶腋，白色，多少俯垂。花梗长1～1.5cm；花被钟形，长1.2～1.5（～2）cm；花被筒长约为花被的1/3或略长，口部不缢缩，裂片近长圆形，副花冠裂片膜质，与花被裂片对生，披针形或线状披针形，长3～4（～5）mm，先端2深裂；花药近长圆状披针形，长1.5～2mm，花丝极短，背部着生于副花冠裂片先端凹缺处；雌蕊长6～8mm，花柱长2～3.5mm，子房近球形。浆果近球形或稍扁，径0.7～1cm，成熟时暗紫色，具1～3种子。

物候期	花期4～5月，果期11～12月。
生　境	生于海拔1100～2900m的林下、荫蔽山谷或溪边。
分　布	我国主要分布于四川、重庆、贵州、湖南、广西、云南、广东、江西、浙江和台湾等省区。在重庆分布于巫溪、石柱、彭水、酉阳、秀山、南川、綦江、璧山、江津、铜梁等地。在彭水，分布于万足镇、绍庆街道阿依河。
应用价值	根状茎入药，具有补中益气、养阴润肺、生津止咳、化瘀止痛、凉血、解毒之功效。用于肺胃阴伤、口咽干燥、燥热咳嗽、风湿疼痛、跌打损伤、食欲不振、体虚气弱、面黄肌瘦。

连药沿阶草 *Ophiopogon bockianus* Diels

天门冬科 Asparagaceae 沿阶草属 *Ophiopogon*

【形态特征】根径1～3mm，密被白色根毛，末端具纺锤形小块根。茎较短，径约1cm或更粗，似根状茎。叶丛生，多少剑形，长20～30（～80）cm，宽（0.7～）1.4～2.2cm，下面粉绿色，基部渐窄成不明显的柄。花葶长18～28cm；总状花序长5～14cm，具10余朵至多花，花2朵生于苞片腋内，苞片披针形，最下面的长1.2～1.5cm。花梗长6～9mm，关节生于中部以下；花被片卵形，长6～7mm，先端常外卷，淡紫色；花丝不明显，花药卵圆形，长2.5～3mm，连成短圆锥形；花柱细，长约5mm。种子椭圆形或近球形，长约1cm。

生境	生于海拔900～1300m山坡林下或山谷溪边岩缝中。
分布	我国主要分布于四川、重庆、云南等省区。在重庆，分布于南川、彭水等地。在彭水，分布于绍庆街道阿依河。
应用价值	全草入药，有祛风败毒之功能。

华山姜 *Alpinia oblongifolia* Hayata

姜科 Zingiberaceae 山姜属 *Alpinia*

【形态特征】植株高约1m。叶披针形或卵状披针形，长20～30cm，宽3～10cm，先端渐尖或尾尖，基部渐窄，两面无毛；叶柄长约5mm，叶舌膜质，长0.4～1cm，2裂，具缘毛。窄圆锥花序长15～30cm，分枝长0.3～1cm，每分枝上有2～4花。小苞片长1～3mm，脱落；花白色；花萼管状，长5mm，顶端具3齿；花冠管稍超出花萼，裂片长圆形，长约6mm，后方1枚较大，兜状；唇瓣卵形，长6～7mm，先端微凹，侧生退化雄蕊2，钻状，长约1mm；花丝长约5mm，花药长约3mm；子房无毛。蒴果球形，径5～8mm。

物候期	花期5～7月，果期6～12月。	生境	生于海拔200～1500m林荫下。
分布	我国主要分布于东南部至西南部各省区。在重庆，分布于南川、彭水等地。在彭水，分布于绍庆街道阿依河。		
应用价值	根茎药用，治腹痛泄泻、消化不良；又可提芳香油，作调香原料。		

北越紫堇 *Corydalis balansae* Prain

罂粟科 Papaveraceae　　紫堇属 *Corydalis*

【形态特征】丛生草本，高达50cm。主根圆锥形。茎具棱，分枝疏散，枝花葶状，常对叶生。基生叶早枯；下部茎生叶长15～10cm，具长柄，叶长7.5～15cm，二回羽状全裂，一回羽片3～5对，具短柄，二回羽片1～2对，近无柄，卵圆形，长2～2.5cm，基部楔形或平截，二回3裂或具3～5圆齿状裂片，裂片宽卵形。总状花序疏生多花；苞片披针形或长圆状披针形，长4～7mm。花梗长3～5mm；花萼卵圆形，具细齿；花冠黄色或黄白色，外花瓣勺状，鸡冠状突起仅限于龙骨状突起之上，不伸达顶端，上花瓣长约2cm，距短囊状，长约为花瓣的1/4，蜜腺长约为距的1/3，下花瓣长约1.3cm，内花瓣爪长于瓣片；雄蕊具3纵脉；柱头具2横臂，各端具3乳突。蒴果线状长圆形，长约3cm，种子1列。种子扁圆形，被凹点，种阜舟状。

生　境	生于海拔200～700m山谷或沟边湿地。
分　布	我国主要分布于云南、广西、贵州、重庆、湖南、广东、香港、福建、台湾、湖北、江西、安徽、浙江、江苏、山东等省区。本次发现为重庆市新分布。在彭水，分布于连湖镇。
应用价值	全草药用，可清热祛火，山东作土黄连代用品。

石生黄堇 *Corydalis saxicola* Bunting

罂粟科 Papaveraceae 紫堇属 *Corydalis*

【形态特征】多年生草本，高达40cm。主根粗大。枝与叶对生，花葶状。基生叶长10～15cm，具长柄，叶片与叶柄近等长，二回至一回羽状全裂，小羽片楔形或倒卵形，长2～4cm，不等大2～3裂或具粗圆齿。总状花序长7～15cm，多花密集；苞片椭圆形或披针形，全缘，下部苞片长1.5cm，上部渐窄小。花梗长约5mm；萼片近三角形，全缘；花冠金黄色，外花瓣鸡冠状突起仅限于龙骨状突起之上，不伸达顶端，上花瓣长约2.5cm，距长约为花瓣的1/4，顶端囊状，蜜腺贯穿距长的1/2，下花瓣基部具小瘤状突起，内花瓣具厚而伸出顶端的鸡冠状突起；雄蕊束披针形；柱头2叉裂，各端具2裂乳突。蒴果圆锥状镰形，长约2.5cm，种子1列。

生　境	生于海拔600～1690m山地石灰岩缝中。
分　布	我国主要分布于浙江、湖北、陕西、四川、重庆、云南、贵州、广西等省区。在重庆，分布于城口、南川、彭水等地。在彭水，分布于绍庆街道阿依河。
保护利用现状	中国特有植物，国家二级重点保护野生植物，《中国生物多样性红色名录——高等植物卷》(2020)评为“VU(易危)”，主要采用原地保护。
应用价值	根或全草煎服，可清热止痛、消毒、消炎、健胃、止血。

三叶木通 *Akebia trifoliata* (Thunb.) Koidz.

木通科 Lardizabalaceae　　木通属 *Akebia*

【形态特征】落叶木质藤本。冬芽卵圆形，具10～14个红褐色鳞片。掌状3小叶，稀4或5，小叶较大、柄较长，侧生小叶较小、柄较短；小叶卵形、椭圆形或披针形，长3～8cm，宽2～6cm，先端钝圆或微凹，基部宽楔形或圆，波状或不规则浅裂，叶薄革质或纸质。总状花序生于短枝叶丛中，长6～16（～18）cm，雌花常2，稀3或无，花梗长1～4cm，雄花12～35，花梗长2～4（～6）mm。雄花萼片3，淡紫色，卵圆形，长约3mm，宽约1.5mm；雄蕊6，稀7或8，紫红色，长2～3mm，花丝很短；退化雌蕊3～6。雌花萼片3（～6），暗紫红色，宽卵形或卵圆形，顶端钝圆，凹入，长1～1.5cm，宽0.5～1.5cm；雌蕊5～9（～15），紫红色，圆柱形，长4～6mm。蓇葖果长5～8（～11）cm，淡紫色或土灰色，光滑或被石细胞束形成的小颗粒突起。种子长约7mm。

生　境	生于海拔10～2800m溪边、山谷、林缘、路边阴湿处或稍干旱山坡。
分　布	我国主要分布于长江流域各省区，向北分布至河南、山西和陕西。重庆各区县也有分布。在彭水，各乡镇均有分布。
应用价值	果实入药，称为“预知子”，具有疏肝理气、活血止痛、利尿、杀虫之功效。用于脘胁胀痛、闭经痛经、小便不利、蛇虫咬伤。藤茎及根入药，称为“木通”，具有清热利尿、通经活络、镇痛、排脓、通乳之功效。果可食及酿酒，种子可榨油。

猫儿屎 ***Decaisnea insignis*** **(Griff.) Hook. f. & Thomson**

木通科 Lardizabalaceae　猫儿屎属 *Decaisnea*

【形态特征】 落叶灌木，高达5m；冬芽卵圆形，具2枚鳞片；叶痕大；髓大，白色。奇数羽状复叶着生茎顶，叶长50～90cm，小叶13～23，对生，下面具易脱落的单细胞柔毛。总状花序或组成圆状花序，顶生或腋生，长6～30cm，果时花序轴和花梗木质化。雌雄同株，雌花与雄花等大，淡绿黄色；花梗长1～2cm；萼片6，2轮，披针形，长1.8～3cm，内面被微柔毛；无花瓣，雄蕊6，花丝合生成2～4mm长的花丝筒，药隔角状体显著；心皮3，圆柱形，柱头乳头状，胚珠约40，在腹缝线两侧排成2行，胚珠间无毛状体。浆果圆柱状，稍弯曲，长5～7.5（～10）cm，成熟时蓝色或蓝紫色，被白粉，具颗粒状小突起，生长季结束后常沿腹缝线开裂，稀不裂，内果皮具乳管。种子多数，2列，椭圆形，长约1cm，两侧扁，黑褐色。

生　境	生于海拔500～1800m阴坡杂木林中及林缘。
分　布	我国主要分布于西南部至中部地区。重庆各区县均有分布。在彭水，分布于国有林场太原镇管护站。
应用价值	果皮含橡胶，可制橡胶用品；果肉可食，亦可酿酒；种子含油，可榨油；根和果药用，有清热解毒之效，并可治疝气。

黔北淫羊藿 *Epimedium borealiguizhouense* S. Z. He & Y. K. Yang

小檗科 Berberidaceae　淫羊藿属 *Epimedium*

【形态特征】多年生草本，植株高40～60cm；根状茎结节状，质坚硬，被褐色鳞片，多须根；一回三出复叶基生或茎生，具长柄，小叶3枚；小叶厚革质，披针形至狭披针形，长13～18cm，宽2.5～4cm，先端渐尖或长渐尖，基部心形，顶生小叶基部裂片近相等，侧生小叶基部偏斜，内边裂片小，纯圆，外边裂片大，三角形，渐尖，上面光滑无毛，背面被绵毛，叶缘具刺齿；花茎具2枚对生叶，偶有3枚轮生；圆锥花序长30～35cm，具花多达150朵，光滑；花梗长1～2cm，无毛；花径约6mm；萼片2轮，外萼片4，椭圆形，长约3.5mm，宽1.5～3mm，早落，紫色，内萼片4，卵形，长约2.5mm，宽约1mm，白色；花瓣4，倒卵形，长约2mm，先端稍内弯，无距，黄色；雄蕊4，长约4mm，花丝长1.5mm，花药长约2.5mm；雌蕊长约4mm，含胚珠3～4枚；蒴果长约1cm，宿存花柱长约4mm。

生　境	生于海拔250～600m山谷溪边。
分　布	我国主要分布于贵州、重庆等省区。在重庆，分布于酉阳、黔江、长寿、彭水等地。在彭水，分布于绍庆街道阿依河。
保护利用现状	中国特有植物，《中国生物多样性红色名录——高等植物卷》(2020)评为“VU(易危)”，主要采用原地保护。
应用价值	叶入药，本种生物量大，淫羊藿苷、朝藿定C等黄酮成分含量较高，可作为优质淫羊藿种质资源利用。

长蕊淫羊藿 *Epimedium dolichostemon* Stearn

小檗科 Berberidaceae　　淫羊藿属 *Epimedium*

【形态特征】多年生草本，植株高约30cm；地下茎短而横走；一回三出复叶基生和茎生，具3枚小叶；小叶革质，卵状披针形或披针形，长达8cm，宽达3cm，先端渐尖，基部深心形，两侧裂片近相等，分离，先端急尖，侧生小叶基部裂片极不相等，先端渐尖，上面深绿色，背面光滑无毛，叶缘具稀疏刺锯齿；花茎具2枚对生复叶；圆锥花序长约15cm，具花约38朵，无总梗，无毛；花梗长1～1.5cm，光滑无毛；花小；萼片2轮，外萼片早落，长2.5～3mm，内萼片狭椭圆形，白色，长8～9mm，宽约2.5mm；花瓣较内轮萼片短，紫红色，长约3mm，短距内弯，先端圆钝；雄蕊明显伸出花瓣，长约8mm，花丝淡黄色，长4.5～5mm，花药长约2.5mm，瓣裂，外卷，药隔先端突尖。

生　境	生于山坡林下或灌丛中。
分　布	我国主要分布于四川、重庆等省区。在重庆，分布于石柱、南川、彭水等地。在彭水，分布于芦塘乡。
保护利用现状	中国特有植物，《中国生物多样性红色名录——高等植物卷》(2020) 评为“VU (易危)”，主要采用原地保护。
应用价值	叶入药，补肾壮阳、强筋骨。

阔叶十大功劳 *Mahonia bealei* (Fortune) Carr.

小檗科 Berberidaceae　十大功劳属 *Mahonia*

【形态特征】常绿灌木，高达4m，全体无毛。单数羽状复叶，长25～40cm，有叶柄；小叶7～15个，厚革质，侧生小叶无柄，卵形，大小不一，长4～12cm，宽2.5～4.5cm，顶生小叶较大，有柄，顶端渐尖，基部阔楔形或近圆形，每边有2～8刺锯齿，边缘反卷，上面蓝绿色，下面黄绿色。总状花序直立，长5～10cm，6～9个簇生；花褐黄色；花梗长4～6mm；小苞片1，长约4mm；萼片9，排成3轮，花瓣状；花瓣6，较内轮萼片为小；雄蕊6；子房有胚珠4～5。浆果卵形，有白粉，长约10mm，径6mm，暗蓝色。

生　境	生于山坡及灌丛中。
分　布	我国主要分布于浙江、安徽、江西、福建、湖南、湖北、陕西、河南、广东、广西、四川、重庆等省区。在重庆，分布于云阳、丰都、武隆、黔江、秀山、酉阳、南川、万盛、彭水等地。在彭水，分布于联合乡。
应用价值	全株供药用，清热解毒、消肿、止泻，治肺结核等症。

卵叶银莲花 *Anemone begoniifolia* H. Lév. & Vaniot

毛茛科 Ranunculaceae　　银莲花属 *Anemone*

【形态特征】多年生草本；植株高达39cm。基生叶3～9，具长柄；叶心状卵形或宽卵形，长2.8～8.8cm，先端短渐尖，不裂、微3裂或5浅裂，具牙齿，两面疏被长柔毛。花葶常紫红色；伞形花序具3～7花；苞片3，无柄，长圆形，长0.6～1.4cm，不裂或3裂。萼片5，白色，倒卵形，长0.5～1.1cm；花丝丝状，花药宽长圆形，花粉具散沟；心皮约40，无毛，花柱短。瘦果菱状倒卵圆形，长约2mm，背腹面各具1纵肋。

物候期	花期2～4月。
生　境	生于海拔650～1000m山谷林中、阴湿沟边、草地或石缝中。
分　布	我国主要分布于广西、贵州、四川、重庆等省区。在重庆，分布于彭水、南川等地。在彭水，分布于长生镇。
应用价值	根入药，具有消肿接骨、止血生肌之功效。用于风湿、疮毒、关节痛，外用于疮毒。

打破碗花花 *Anemone hupehensis* (Lemoine) Lemoine

毛茛科 Ranunculaceae　银莲花属 *Anemone*

【形态特征】植株高达1.2m。根茎长约10cm，径4～7mm。基生叶3～5，具长柄；三出复叶，有时1～2枚或为单叶；顶生小叶具长柄，卵形或宽卵形，长4～11cm，不裂或3～5浅裂，具锯齿，两面疏被糙毛，侧生小叶较小。花葶疏被柔毛；聚伞花序二至三回分枝，花较多；苞片3，具柄，三出复叶。萼片5，紫红色，倒卵形，长2～3cm，被短茸毛；花丝丝状，花药长圆形，心皮约400，生于球形花托，长1.5mm，具细柄，密被短茸毛。瘦果长3.5mm，具细柄，密被绵毛。

物候期	花期7～10月。	生境	生于海拔400～1800m草坡或沟边。
分布	我国主要分布于四川、陕西、湖北西部、云南、贵州、重庆、华南北部至浙江一带。重庆全市均有分布。在彭水，分布于靛水街道摩围山。		
应用价值	全草入药，有毒，具清热利湿、理气祛瘀、驱虫、杀虫之功效。外用于顽癣、体癣、脚癣、痈肿疮疥、消化不良、肠炎、水泻、痢疾、蛔积、疟疾、跌打损伤。		

小木通 *Clematis armandii* Franch.

毛茛科 Ranunculaceae　铁线莲属 *Clematis*

【形态特征】木质藤本。枝疏被柔毛。三出复叶；小叶革质，窄卵形或披针形，长5～16cm，先端渐尖或渐窄，基部圆、近心形或宽楔形，全缘，两面无毛；叶柄长3.6～11cm。花序1～3自老枝腋芽生出，7至多花，花序梗长达8cm，基部具三角形或长圆形宿存芽鳞；苞片窄长圆形。萼片4（～5），白色或粉红色，平展，窄长圆形或长圆形，长1.2～2.4cm，宽2～7mm，疏被柔毛，边缘被短柔毛；雄蕊无毛，花药窄长圆形或线形，长3～4.5mm。瘦果窄卵圆形，长4～5mm，疏被毛；宿存花柱长1.6～4.8cm，羽毛状。

物候期	花期3～4月。	生　境	生于海拔100～2400m山坡、灌丛中、林缘或溪边。
分　布	我国主要分布于西藏、云南、贵州、四川、重庆、甘肃、陕西、湖北、湖南、广东、广西、福建等省区。在重庆，分布于巫溪、丰都、垫江、石柱、武隆、黔江、彭水、酉阳、秀山、南川、綦江、江津、璧山、铜梁、合川、大足、永川等地。在彭水，分布于润溪乡。		
应用价值	用于花架、棚架、廊、灯柱、栅栏、拱门等配置，可构成园林绿化独立的景观，既能满足游人观赏、乘凉，又增加绿化量、改善环境条件。		

毛梗翠雀花 *Delphinium eriostylum* H. Lév.

毛茛科 Ranunculaceae　　翠雀属 *Delphinium*

【形态特征】多年生草本。茎上部分枝；茎下部及中部叶有长柄，五角形，基部心形，3深裂，中央深裂片菱形，渐尖，3裂，二回裂片有少数小裂片和牙齿，侧深裂片斜扇形，不等2深裂；花序伞房状或短总状，花梗有黄色短腺毛，萼片蓝紫色，椭圆状倒卵形，萼距圆筒状钻形或圆锥状钻形，比萼片稍长或稍短，向下弧状弯曲，花瓣无毛，心皮3；蓇葖果种子近椭圆球形，密生鳞状横翅。

物候期	花果期6～8月。	生　境	生于溪边或草坡上。
分　布	我国主要分布于贵州、重庆等省区。在重庆，分布于南川、武隆、彭水等地。在彭水，分布于绍庆街道阿依河。		
应用价值	根入药，用于头痛、腰背痛。		

尾囊草 *Urophysa henryi* (Oliv.) Ulbr.

毛茛科 Ranunculaceae　　尾囊草属 *Urophysa*

【形态特征】多年生草本，根茎木质，粗壮。叶多数；叶宽卵形，长1.4～2.2cm，宽3～4.5cm，基部心形，中裂片无柄或具长达4mm短柄，扇状倒卵形或扇状菱形，宽1.7～3cm，上部3裂，二回裂片具少数钝齿，侧裂片斜扇形，不等2浅裂，两面疏被柔毛；叶柄长3.6～12cm，被开展柔毛。花葶与叶近等长；聚伞花序长约5cm，具3花；苞片楔形、楔状倒卵形或匙形，长1～2.2cm，不裂或3浅裂；小苞片对生或近对生，线形，长6～9mm；花径2～2.5cm。萼片天蓝色或粉红白色，倒卵状椭圆形，长1～1.4cm，疏被柔毛，内面无毛；花瓣无距，基部囊状，长约5mm；退化雄蕊长椭圆形，长2.5～3.5mm，渐尖；心皮5（～8）。蓇葖果长4～5mm，密生横脉，被短柔毛，宿存花柱长2mm。种子窄肾形，长约1.2mm，密被小疣。

物候期	花期3～4月。	生　境	生于山地石缝中或陡崖。
分　布	我国主要分布于四川、重庆、湖北、湖南、贵州等省区。在重庆，分布于开州、南川、彭水等地。在彭水，分布于黄家镇。		
保护利用现状	中国特有植物，《中国生物多样性红色名录——高等植物卷》（2020）评为“VU（易危）”，主要采用原地保护。		
应用价值	根、根状茎入药，具有活血化瘀、消肿止痛、止血生肌之功效。用于跌打损伤、消肿、疟疾、吐泻、外伤出血、冻疮、疮久溃烂。		

枫香树 *Liquidambar formosana* Hance

蕈树科 Altingiaceae　　枫香树属 *Liquidambar*

【形态特征】大乔木，高达30m，胸径1.5m。小枝被柔毛。叶宽卵形，掌状3裂，中央裂片先端长尖，两侧裂片平展，基部心形，下面初被毛，后脱落，掌状脉3～5，具锯齿；叶柄长达11cm，托叶线形，长1～1.4cm，被毛，早落。短穗状雄花序多个组成总状，雄蕊多数，花丝不等长；头状雌花序具花24～43，花序梗长3～6cm，萼齿4～7，针形，长4～8mm，子房被柔毛，花柱长0.6～1cm，卷曲。头状果序球形，木质，径3～4cm，蒴果下部藏于果序轴内，具宿存针刺状萼齿及花柱。种子多数，褐色，多角形或具窄翅。

物候期	花期3～4月，果期10月。	生　境	生于平地及低山丘陵。
分　布	我国主要分布于秦岭及淮河以南各省区。重庆全市均有分布。在彭水，各乡镇均有分布。		
应用价值	树脂供药用，能解毒止痛、止血生肌；根、叶及果实亦入药，有祛风除湿、通络活血之功效。木材稍坚硬，可制家具及贵重商品的装箱。枫香树在中国的园林中栽作庭荫树，可在草地孤植、丛植，或在山坡、池畔与其他树木混植。与常绿树丛配合种植，秋季红绿相衬，会显得格外美丽。又因枫香具有较强的耐火性和对有毒气体的抗性，可用于厂矿区绿化。但因不耐修剪，大树移植又较困难，故一般不宜用作行道树。		

交让木 *Daphniphyllum macropodum* Miq.

虎皮楠科 Daphniphyllaceae　　虎皮楠属 *Daphniphyllum*

【形态特征】乔木或灌木状，高达11m。小枝粗，暗褐色。叶革质，长圆形或长圆状披针形，长14～25cm，先端尖，稀渐尖，基部楔形或宽楔形，下面有时被白粉；侧脉12～18对，细密，两面均明显；叶柄粗，长3～6cm，紫红色，上面具槽。雄花序长6～7cm，无花萼，雄蕊8～10，花药长方形，药隔不突出，花丝长约1mm；雌花序长6～9cm，无花萼，子房卵形，长约2mm，有时被白粉，花柱极短，柱头2，叉开。果椭圆形，长约1cm，径约5mm，柱头宿存，暗褐色，具疣状突起；果柄纤细，长1～1.5cm。

物候期	花期3～5月，果期8～10月。	生　境	生于海拔600～1900m常绿阔叶林中。

分　布	我国主要分布于云南、四川、重庆、贵州、广西、广东、台湾、湖南、湖北、江西、浙江、安徽等省区。在重庆，分布于巫溪、奉节、彭水、南川、北碚等地。在彭水，分布于靛水街道摩围山。
应用价值	交让木在园林中可孤植或丛植，宜与其他观花果树配植；木材适于制家具、板料、室内装修、文具及一般工艺品；种子可榨油供工业用，亦可药用，治疖毒红肿；叶煮液可防治蚜虫。

黄水枝 *Tiarella polyphylla* D. Don

虎耳草科 Saxifragaceae　　黄水枝属 *Tiarella*

【形态特征】多年生草本，高达45cm。根状茎径3～6mm。茎密被腺毛。基生叶心形，长2～8cm，先端急尖，基部心形，掌状3～5浅裂，具不规则牙齿，两面密被腺毛，叶柄长2～12cm，密被腺毛，托叶褐色；茎生叶常2～3，与基生叶同型，叶柄较短。总状花序长8～25cm，被腺毛。花梗长达1cm，被腺毛；萼片花期直立，卵形，长约1.5mm，先端稍渐尖，外面和边缘具腺毛，3至多脉；无花瓣；花丝钻形；心皮2，不等大，下部合生，子房近上位，花柱2。蒴果长0.7～1.2cm。种子黑褐色，椭圆形，长约1mm。

物候期	花果期4～11月。	生　境	生于海拔980～1800m林下、灌丛或阴湿处。

分　布　我国主要分布于陕西、甘肃、江西、台湾、湖北、湖南、广东、广西、四川、重庆、贵州、云南和西藏等省区。在重庆，分布于万州、武隆、黔江、酉阳、南川、彭水等地。在彭水，分布于国有林场太原镇管护站。

应用价值　全草入药，清热解毒、活血散瘀、消肿止痛，治痈疖肿毒、跌打损伤及咳嗽气喘，亦可供观赏。

羽叶牛果藤 *Nekemias chaffanjonii* (H. Lév. & Vaniot) J. Wen & Z. L. Nie

葡萄科 Vitaceae　　牛果藤属 *Nekemias*

【形态特征】木质藤本。小枝无毛。卷须2叉分枝。一回羽状复叶，通常有小叶2～3对；小叶长椭圆形或卵状椭圆形，长7～15cm，宽3～7cm，先端急尖或渐尖，基部宽楔形，边缘有尖锐细锯齿，两面无毛，干时上面色深、下面色浅；叶柄长2～4.5cm，无毛，顶生小叶柄长2.5～4.5cm，侧生小叶柄长0～1.8cm。伞房状多歧聚伞花序顶生或与叶对生；花序梗长3～5cm，无毛。花萼碟形，萼片宽三角形；花瓣卵状椭圆形；花盘发达，波状浅裂；子房下部与花盘合生，花柱钻形。果近球形，径0.8～1cm，有种子2～3。种子腹部两侧洼穴向上微扩大达种子上部，周围有钝肋纹突出。

物候期	花期5～7月，果期7～9月。
生　境	生于海拔500～2000m山坡疏林或沟谷灌丛。
分　布	我国主要分布于安徽、江西、湖北、湖南、广西、四川、重庆、贵州、云南等省区。在重庆，分布于南川、武隆、黔江、彭水等地。在彭水，分布于万足镇、绍庆街道阿依河。
应用价值	根入药，有活血、消肿、解毒之功效。

山槐 *Albizia kalkora* (Roxb.) Prain

豆科 Fabaceae 合欢属 *Albizia*

【形态特征】落叶小乔木或灌木，高3～8m。枝条暗褐色，被短柔毛，皮孔显著。二回羽状复叶；羽片2～4对；腺体密被黄褐色或灰白色短茸毛；小叶5～14对，长圆形或长圆状卵形，长1.8～4.5cm，先端圆钝，有细尖头，基部不对称，两面均被短柔毛，中脉稍偏于上缘。头状花序2～7生于叶腋或于枝顶排成圆锥花序。花初时白色，后变黄色，花梗明显；花萼管状，长2～3mm，5齿裂；花冠长6～8mm，中下部连合呈管状，裂片披针形，花萼、花冠均密被长柔毛；雄蕊长2.5～3.5cm，基部连合呈管状。荚果带状，长7～17cm，深棕色，嫩荚密被短柔毛，老时无毛。种子4～12，倒卵圆形。

物候期	花期5～6月，果期8～10月。	生境	生于山坡灌丛、疏林中。
分布	我国主要分布于云南、重庆等省区。重庆全市均有分布。在彭水，分布于万足镇、绍庆街道阿依河。		
应用价值	本种生长快，能耐干旱及瘠薄地。木材耐水湿；花美丽，用作园景树、行道树和庭荫树。花入药，能安神舒郁、理气活络。		

云实 *Caesalpinia decapetala* (Roth) O. Deg.

豆科 Fabaceae　　云实属 *Caesalpinia*

【形态特征】藤本；枝、叶轴和花序均被柔毛和钩刺。二回羽状复叶长20～30cm；羽片3～10对，具柄，基部有刺1对；小叶8～12对，对生，膜质，长圆形，长1.5～2.5cm，两端近圆钝，两面被短柔毛，老时渐无毛；托叶小，斜卵形，先端渐尖，早落。总状花序顶生，长15～30cm，具多花。花梗长3～4cm，被毛，花萼下具关节，花易脱落；花萼裂片5，长圆形，被短柔毛；花瓣黄色，膜质，圆形或倒卵形，长1～1.2cm，盛开时反卷；雄蕊与花瓣近等长，花丝基部扁平，下部被绵毛；子房无毛。荚果长圆状舌形，长6～12cm，宽2.5～3cm，脆革质，栗褐色，无毛，无刺，有光泽，沿腹缝线具窄翅，成熟时沿腹缝线开裂，顶端具尖喙。种子6～9，椭圆形，长约1cm，种皮棕色。

物候期	花果期4～10月。	生　境	生于山坡灌丛中及平原、丘陵或河旁。
分　布	我国主要分布于广东、广西、云南、四川、重庆、贵州、湖南、湖北、江西、福建、浙江、江苏、安徽、河南、河北、陕西、甘肃等省区。在重庆，分布于巫溪、云阳、奉节、丰都、垫江、涪陵、石柱、武隆、彭水、酉阳、秀山、南川、合川、江津、铜梁、潼南、荣昌等地。在彭水，各乡镇均有分布。		
应用价值	根、茎及果入药，治筋骨疼痛、跌打损伤及解毒杀虫。常栽培作为绿篱。		

湖北紫荆 *Cercis glabra* Pamp.

豆科 Fabaceae　紫荆属 *Cercis*

【形态特征】乔木，高达16m。叶幼时常呈紫红色，成长后绿色，心形或三角状圆形，长5～12cm，两侧对称，先端钝或急尖，基部浅心形或深心形，上面光滑，下面无毛或基部脉腋间常有簇生柔毛，无白粉；基脉（5～）7；叶柄长2～4.4cm。总状花序短，轴长0.5～1cm，有花数至十余朵；花淡紫红色或粉红色，先叶或与叶同时开放，长1.3～1.5cm；花梗长1～2.3cm。荚果窄长圆形，紫红色，长9～14cm，宽1.2～1.5cm，翅宽约2mm，顶端渐尖，基部圆钝，背腹缝线不等长，背缝稍长，向外弯拱，少数基部渐尖而缝线等长；果颈长2～3mm。种子1～8，近圆形，扁，长6～7mm。

物候期	花期3～4月，果期9～11月。
生　境	生于海拔600～1900m山地疏林或密林中、山谷或路边。
分　布	我国主要分布于湖北、河南、陕西、四川、重庆、云南、贵州、广西、广东、湖南、浙江、安徽等省区。在重庆，分布于巫溪、彭水、酉阳、秀山等地。在彭水，分布于联合乡。
应用价值	为观叶、观花、观果集一体的观赏植物。多孤植或丛植于草坪边缘和建筑物旁、园路角隅或树林边缘。茎木、果、花、根可入药。

中南鱼藤 *Derris fordii* Oliv.

豆科 Fabaceae　　鱼藤属 *Derris*

【形态特征】攀缘灌木。羽状复叶长15～28cm，托叶三角形；小叶5～7，厚纸质或薄革质，卵状椭圆形、卵状长椭圆形或椭圆形，长4～13cm，宽2～6cm，先端尾尖，基部钝圆，上面不光亮，两面无毛，侧脉6～7对，网脉明显。圆锥花序腋生，略短于复叶；花序轴和花梗疏被棕色短硬毛；花2～5朵聚生于分枝上。花梗长3～5mm，小苞片2，长约1mm，贴萼生，被微柔毛；花萼钟形，长2～3mm，萼齿圆形或三角形，均被短毛和红色腺点或腺条，花冠白色，长1cm，旗瓣宽倒卵状椭圆形，基部无胼胝体，翼瓣与旗瓣近等长，龙骨瓣略长于翼瓣；雄蕊单体；子房无柄，被柔毛，胚珠2～4。荚果薄革质，长椭圆形或长圆形，长4～10cm，宽1.5～2.3cm，扁平、无毛，腹缝翅宽2～3mm，背缝翅宽不及1mm，具1～4种子。种子棕褐色，长肾形，长1.4～1.8cm，宽1cm。

物候期	花期5～8月，果期10～11月。	生境	生于低山丘陵疏林或灌丛中。
分布	我国主要分布于浙江、江西、福建、湖北、湖南、广东、广西、贵州、云南、重庆等省区。在重庆，分布于南川、綦江、彭水等地。在彭水，分布于万足镇、绍庆街道阿依河。		
应用价值	茎皮纤维可织麻袋、绳索和人造棉；根磨粉可做毒鱼和杀虫剂；根和茎可供药外用，治跌打肿痛、疥疮湿疹，有大毒，严禁内服。		

皂荚 *Gleditsia sinensis* Lam.

豆科 Fabaceae　　皂荚属 *Gleditsia*

【形态特征】落叶乔木，高达30m。刺圆柱形，常分枝，长达16cm。叶为一回羽状复叶，长10～18（～26）cm；小叶（2～）3～9对，卵状披针形或长圆形，长2～8.5（～12.5）cm，先端急尖或渐尖，顶端圆钝，基部圆或楔形，中脉在基部稍歪斜，具细锯齿，上面网脉明显。花杂性，黄白色，组成5～14cm长的总状花序。雄花径0.9～1cm，萼片4，长3mm，两面被柔毛，花瓣4，长4～5mm，被微柔毛，雄蕊（6～）8；退化雌蕊长2.5mm；两性花径1～1.2cm，萼片长4～5mm，花瓣长5～6mm，雄蕊8，子房缝线上及基部被柔毛。荚果带状，肥厚，长12～37cm，径直或扭曲，两面膨起；果颈长1～3.5cm；果瓣革质，褐棕色或红褐色，常被白色粉霜，有多数种子；或荚果短小，稍弯呈新月形，俗称“猪牙皂”，内无种子。

物候期	花期3～5月，果期5～12月。
生　境	生于海拔2500m以下山坡林中、谷地或路旁。
分　布	我国主要分布于河北、山东、河南、山西、陕西、甘肃、江苏、安徽、浙江、江西、湖南、湖北、福建、广东、广西、四川、重庆、贵州、云南等省区。在重庆，分布于巫溪、奉节、万州、南川、巴南、南岸、江津、彭水等地。在彭水，分布于龙溪镇焦家村。
应用价值	常栽植于庭院或宅旁。木材坚硬，为车辆、家具用材；荚果煎汁可代肥皂，用以洗涤丝毛织物；嫩芽油盐调食，其子煮熟糖渍可食。荚、子、刺均可入药，有祛痰通窍、镇咳利尿、消肿排脓、杀虫治癣之功效。

大头叶无尾果 *Coluria henryi* Batalin

蔷薇科 Rosaceae　　无尾果属 *Coluria*

【形态特征】多年生草本。基生叶纸质，大头羽状全裂，长5～18cm，小叶4～10对，顶生小叶最大，向下渐小，在叶轴上疏生，间距可达1cm；叶柄长1～2.5cm，具疏条纵肋，密生黄褐色长柔毛；顶生小叶宽卵形或卵形，稀长圆状卵形，长3～7cm，先端圆钝，基部心形，有圆钝锯齿，两面被黄褐色长柔毛：侧生小叶卵形或长圆状卵形，先端锐尖，基部歪形，有少数三角状锯齿，两面密生长柔毛，无柄；茎生叶卵形，长1～1.5cm，不裂或3裂，两面被柔毛。花茎超出基生叶，高6～30cm，上升，有开展柔毛，具1～4花；苞片卵形或长圆形，长约1.5cm，边有数齿，两面被柔毛。花径2～2.5cm；花萼长3～5mm，外面密生柔毛，萼片三角状卵形，长约5mm，外面有柔毛，内面无毛或微有柔毛，副萼片披针形，长1～2mm，外面有柔毛；花瓣倒卵形，长0.5～1cm，黄色或白色，先端微凹，有短爪，无毛；子房卵圆形，花柱直立。瘦果卵圆形或倒卵圆形，长1～1.5mm，熟时褐色，有乳头状疣突。

物候期	花期4～6月，果期5～7月。	生　境	生于海拔1300～1800m陡峭岩石上。
分　布	我国主要分布于湖北、四川、重庆、贵州等省区。在重庆，分布于南川、彭水等地。在彭水，分布于龙溪镇。		

贵州石楠 *Photinia bodinieri* H. Lév.

蔷薇科 Rosaceae 石楠属 *Photinia*

【形态特征】常绿乔木，高6～15m；小枝紫褐色或灰色，幼时有稀疏平贴柔毛，短枝常有刺。叶片革质，矩圆形或倒披针形，少数椭圆形，长5～15cm，宽3.5～5cm，先端急尖或渐尖，有短尖头，基部楔形，边缘有带腺的细锯齿而略反卷，幼时沿中脉有贴生柔毛。花多数，成顶生复伞房花序，总花梗和花梗有平贴短柔毛；花白色，径10～12mm；萼筒浅杯状，外面有疏生平贴短柔毛，裂片宽三角形；花瓣圆形。梨果球形或卵形，直径7～10mm，黄红色，无毛。

生境	生于海拔600～1000m的灌丛中。
分布	我国主要分布于陕西、江苏、安徽、浙江、江西、湖南、湖北、四川、重庆、云南、福建、广东、广西等省区。在重庆，分布于城口、巫溪、石柱、大足、沙坪坝、南岸、北碚、彭水等地。在彭水，分布于朗溪乡。
应用价值	根、叶可入药，具有清热解毒、利尿、祛风止痛之功效。用于痈肿疮疖。

石楠 *Photinia serratifolia* (Desf.) Kalkman

蔷薇科 Rosaceae　　石楠属 *Photinia*

【形态特征】常绿灌木或小乔木；高达6(～12)m；小枝无毛；冬芽卵圆形，无毛；叶革质，长椭圆形、长倒卵形或倒卵状椭圆形，长9～22cm，先端尾尖，基部圆或宽楔形，疏生细腺齿，近基部全缘，上面光亮，幼时沿中脉有茸毛，老叶两面无毛，侧脉25～30对；叶柄长2～4cm，幼时有茸毛；复伞房花序顶生，径10～16cm；花序梗和花梗均无毛；花梗长3～5mm；花径6～8mm；萼筒杯状，长约1mm，无毛，萼片宽三角形，长约1mm，无毛；花瓣白色，近圆形，无毛；雄蕊20，花药带紫色；花柱2（～3），基部合生，柱头头状，子房顶端有柔毛；果球形，径5～6mm，成熟时红色，后褐紫色；种子1，卵圆形。

物候期	花期4～5月，果期10月。	生　境	生于海拔800～1500m杂木林中。

分　布	我国主要分布于陕西、甘肃、河南、江苏、安徽、浙江、江西、湖南、湖北、福建、台湾、广东、广西、四川、重庆、云南、贵州等省区。在重庆，分布于南川、彭水等地。在彭水，各乡镇均有分布。
应用价值	叶和根供药用，为强壮剂、利尿剂，有镇静解热等作用；石楠木材坚密，可制车轮及器具柄；可作枇杷的砧木，用石楠嫁接的枇杷寿命长，耐瘠薄土壤，生长强壮。本种具圆形树冠，叶丛浓密，嫩叶红色，花白色、密生，冬季果实红色，鲜艳夺目，是常见的栽培树种。

短梗稠李 *Prunus brachypoda* Batalin

蔷薇科 Rosaceae　　李属 *Prunus*

【形态特征】乔木，高达10m。小枝被茸毛或近无毛。冬芽无毛。叶长圆形，稀椭圆形，长8～16cm，先端急尖或渐尖，稀短尾尖，基部圆或微心形，平截，有贴生或开展锐锯齿，齿尖带短芒，两面无毛或下面脉腋有髯毛；叶柄长1.5～2.3cm，无毛，顶端两侧各有1腺体。总状花序长16～30cm，基部有1～3叶；花序梗和花梗均被柔毛。花梗长5～7mm；花径5～7mm，萼筒钟状，萼片三角状卵形，有带腺细锯齿；花瓣白色，倒卵形；雄蕊25～27。核果球形，径5～7mm，幼时紫红色，老时黑褐色，无毛；果柄被柔毛；萼片脱落；核光滑。

物候期	花期4～5月，果期5～10月。
生　境	生于海拔1500m左右山坡灌丛中或山谷和山沟林中。
分　布	我国主要分布于河南、陕西、重庆、甘肃、湖北、四川、贵州和云南。在重庆，分布于城口、巫山、巫溪、奉节、南川、彭水等地。在彭水，分布于国有林场太原镇管护站。
应用价值	稠李是很常见的观赏性植物。果实酸甜可口，除了生食之外，还能制成果汁、果酱等。种子含油量高，叶可入药。

小果蔷薇 *Rosa cymosa* Tratt.

蔷薇科 Rosaceae　　蔷薇属 *Rosa*

【形态特征】攀缘灌木，高达5m。小枝无毛或稍有柔毛，有钩状皮刺。小叶3～5，稀7，连叶柄长5～10cm；小叶卵状披针形或椭圆形，稀长圆状披针形，长2.5～6cm，先端渐尖，基部近圆，有紧贴或尖锐细锯齿，两面无毛，下面色淡，沿中脉有稀疏长柔毛；小叶柄和叶轴无毛或有柔毛，有稀疏皮刺和腺毛，托叶膜质，离生，线形，早落。花多朵或复伞房花序。花径2～2.5cm；花梗长约1.5cm，幼时密被长柔毛，老时近无毛；萼片卵形，先端渐尖，常羽状分裂，外面近无毛，稀有刺毛，内面被稀疏白色茸毛，沿边缘较密；花瓣白色，倒卵形，先端凹；花柱离生，稍伸出萼筒口，与雄蕊近等长，密被白色柔毛。蔷薇果球形，径4～7mm，熟后红色至黑褐色，萼片脱落。

物候期	花期5～6月，果期7～11月。
生　境	生于海拔250～1300m阳坡、路旁、溪边或丘陵地。
分　布	我国主要分布于华东、西南东部、湖南、广东、广西等地区。在重庆，分布于万州、奉节、梁平、忠县、南川、巴南、荣昌、彭水等地。在彭水，分布于绍庆街道阿依河。
应用价值	可用作垂直绿化、花墙花篱的配置，可以进行各种艺术造型。也是蜜源树种之一。叶、花、茎、果、根均可入药。

绣球蔷薇 *Rosa glomerata* Rehder & E. H. Wilson

蔷薇科 Rosaceae　　蔷薇属 *Rosa*

【形态特征】铺散灌木，有长匍匐枝，无毛。小枝有时有柔毛；皮刺散生，基部大，下弯。小叶5～7，稀3或9，连叶柄长10～15cm；小叶长圆形或长圆状倒卵形，长4～7cm，先端渐尖或短渐尖，基部圆，稀近心形，稍偏斜，有细锐锯齿，上面有褶皱，下面淡绿色至绿灰色，密被长柔毛；叶柄有小钩状皮刺和密生柔毛，托叶长2～3cm，膜质，大部贴生叶柄，离生部分耳状，全缘，有腺毛。伞房花序，密集多花，径4～10cm；花序梗长2～4cm。花序梗、花梗和花萼密被灰色柔毛和稀疏腺毛。花径1.5～2cm；花梗长1～1.5cm；萼片卵状披针形，全缘，内面密被柔毛，外面有柔毛和稀疏腺毛；花瓣宽倒卵形，先端微凹，外被绢毛；花柱结合成柱，伸出，稍长于雄蕊，密被柔毛。蔷薇果近球形，径0.8～1cm，熟后橘红色，有光泽，幼时有稀疏柔毛和腺毛，后脱落；果柄有稀疏柔毛和腺毛；萼片脱落。

物候期	花期7月，果期8～10月。	生　境	生于海拔1300～3000m山坡林缘或灌丛中。
分　布	我国主要分布于湖北、四川、重庆、云南、贵州等省区。在重庆，分布于南川、南岸、彭水等地。在彭水，各乡镇均有分布。		
应用价值	根入药，祛风除湿、活血收敛。		

金樱子 *Rosa laevigata* Michx.

蔷薇科 Rosaceae　　蔷薇属 *Rosa*

【形态特征】常绿攀缘灌木，高达5m。小枝粗壮，散生扁弯皮刺，无毛，幼时被腺毛，老时渐脱落。小叶革质，通常3，稀5，连叶柄长5～10cm；小叶椭圆状卵形、倒卵形或披针状卵形，长2～6cm，先端急尖或圆钝，稀尾尖，有锐锯齿，上面无毛，下面黄绿色，幼时沿中肋有腺毛，老时渐脱落无毛；小叶柄和叶轴有皮刺和腺毛，托叶离生或基部与叶柄合生，披针形，边缘有细齿，齿尖有腺体，早落。花单生叶腋，径5～7cm。花梗长1.8～2.5（～3）cm，花梗和萼筒密被腺毛；萼片卵状披针形，先端叶状，边缘羽状浅裂或全缘，常有刺毛和腺毛，内面密被柔毛，比花瓣稍短；花瓣白色，宽倒卵形，先端微凹；心皮多数，花柱离生，有毛，比雄蕊短。蔷薇果梨形或倒卵圆形，稀近球形，熟后紫褐色，密被刺毛，果柄长约3cm，萼片宿存。

物候期	花期4～6月，果期7～11月。
生　境	生于海拔200～1600m向阳山野、田边或溪畔灌丛中。
分　布	我国主要分布于陕西、安徽、江西、江苏、浙江、湖北、湖南、广东、广西、台湾、福建、四川、重庆、云南、贵州等省区。在重庆，分布于涪陵、南川、巴南、彭水等地。在彭水，各乡镇均有分布。
应用价值	根皮含鞣质，可制栲胶，果可熬糖及酿酒；根、叶、果均可入药，根有活血散瘀、祛风除湿、解毒收敛及杀虫等功效；叶外用治疮疖、烧烫伤；果能止腹泻，并对流感病毒有抑制作用。

亮叶月季 *Rosa lucidissima* H. Lév.

蔷薇科 Rosaceae　　蔷薇属 *Rosa*

【形态特征】常绿或半常绿攀缘灌木。老枝无毛，有基部扁的弯曲皮刺，有时密被刺毛。小叶3，极稀5；连叶柄长6～11cm；小叶长圆状卵形或长椭圆形，长4～8cm，先端尾状渐尖或急尖，有尖锐或紧贴锯齿，两面无毛，上面深绿色，有光泽，下面苍白色；顶生小叶柄较长，侧生小叶柄短，总叶柄有小皮刺和稀疏腺毛，托叶大部贴生，顶端分离，部分披针形，边缘有腺毛。花单生，径3～3.5cm；花梗长0.6～1.2cm，与花萼无毛或幼时微有短柔毛，稀有腺毛；萼片与花瓣近等长，长圆状披针形，先端尾尖，全缘或稍有缺刻，外面近无毛，有时有腺毛，内面密被柔毛，花后反折；花瓣紫红色，宽倒卵形，先端微凹；心皮多数，被毛，花柱紫红色，离生，稍短于雄蕊。蔷薇果梨形或倒卵圆形，熟时常黑紫色，平滑，宿存萼片直立；果柄长0.5～1cm。

物候期	花期4～6月，果期5～8月。	生　境	生于海拔400～1400m山坡林中或灌丛中。
分　布	我国主要分布于湖北、四川、重庆、贵州等省区。在重庆，分布于奉节、南川、云阳、彭水等地。在彭水，分布于润溪乡。		
保护利用现状	中国特有植物，国家二级重点保护野生植物，主要采用原地保护。		
应用价值	蔷薇花可以吸收废气，阻挡灰尘，净化空气。蔷薇花密，色艳，香浓，秋果红艳，是极好的垂直绿化材料，适用于布置花柱、花架、花廊和墙垣是作绿篱的良好材料，非常适合家庭种植。		

缫丝花 *Rosa roxburghii* Tratt.

蔷薇科 Rosaceae　　蔷薇属 *Rosa*

【形态特征】灌木。小枝有基部稍扁而成对的皮刺。小叶9～15，连叶柄长5～11cm，小叶椭圆形或长圆形，稀倒卵形，长1～2cm，有细锐锯齿，两面无毛，下面网脉明显；叶轴和叶柄有散生小皮刺，托叶大部贴生叶柄，离生部分钻形，边缘有腺毛。花单生或2～3朵生于短枝顶端。花径5～6cm；花梗短；小苞片2～3，卵形，边缘有腺毛；萼片宽卵形，有羽状裂片，内面密被茸毛，外面密被针刺；花瓣重瓣至半重瓣，淡红色或粉红色，微香，倒卵形，外轮花瓣大，内轮较小；花序离生，被毛，不外伸，短于雄蕊。蔷薇果扁球形，径3～4cm，熟后绿红色，外面密生针刺；宿存萼片直立。

物候期	花期5～7月，果期8～10月。	生境	生于溪沟、路旁及灌丛中。
分布	我国主要分布于陕西、甘肃、湖南、湖北及西南、华东各省区。在重庆，各区县均有分布。在彭水，分布于靛水街道摩围山。		
应用价值	果味酸甜，富含维生素，供食用及药用，又可作熬糖酿酒的原料；根煮水治痢疾。花美丽，供观赏。枝干多刺，可作绿篱。		

空心藨 *Rubus rosifolius* Sm.

蔷薇科 Rosaceae　　悬钩子属 *Rubus*

【形态特征】直立或攀缘灌木。小枝具柔毛或近无毛，常有浅黄色腺点，疏生近直立皮刺。小叶5～7，卵状披针形或披针形，长3～5(～7)cm，基部圆，两面疏生柔毛，老时近无毛，有浅黄色发亮腺点，下面沿中脉疏生小皮刺，有尖锐缺刻状重锯齿；叶柄长2～3cm，顶生小叶柄长0.8～1.5cm，和叶轴均有柔毛和小皮刺，有时近无毛，被浅黄色腺点，托叶卵状披针形或披针形，具柔毛。花常1～2朵，顶生或腋生。花梗长2～3.5cm，有柔毛，疏生小皮刺，有时被腺点；花径2～3cm；花萼被柔毛和腺点，萼片披针形或卵状披针形，花后常反折；花瓣长圆形、长倒卵形或近圆形，白色，幼时有柔毛；雌蕊多数，花柱和子房无毛；花托具短柄。果卵球形或长圆状卵圆形，长1～1.5cm，成熟时红色，有光泽，无毛；核有深窝孔。

物候期	花期3～5月，果期6～7月。	生　　境	生于海拔2000m以下林内阴处、草坡。
分　　布	我国主要分布于台湾、重庆。在重庆，分布于巫山、南川、北碚、彭水等地。在彭水，分布于润溪乡。		
应用价值	根、嫩枝及叶入药，有清热止咳、止血、祛风湿之效。		

绒毛红果树 *Stranvaesia tomentosa* T. T. Yu & T. C. Ku

蔷薇科 Rosaceae　　红果树属 *Stranvaesia*

【形态特征】灌木或小乔木，高约2m；小枝粗壮，幼时被浓密的黄褐色茸毛，老枝黑褐色，疏生浅褐色皮孔；冬芽卵形，密被长柔毛；叶片椭圆形、长圆形或长圆状倒卵形，叶柄短，长3～6.5cm，宽1～3cm，先端渐尖或尾状渐尖，基部楔形、宽楔形或近圆形，边缘有带短芒的细锐锯齿，上面深绿色，幼时被茸毛，后渐脱落，中脉和6～8对侧脉均下陷，下面密被灰白色或黄褐色茸毛。顶生伞房花序，直径2～4 cm，具花3～12朵；总花梗和花梗均密被黄褐色茸毛；萼筒钟状，萼筒和萼片外面密被黄色茸毛；花瓣白色，近圆形，长5～12mm；雄蕊20，花柱5。果实卵形，暗红色，直径8～10mm，密被茸毛，萼片宿存直立。

物候期	花期5～6月，果期7～9月。	生　境	生于海拔600～1400m山坡森林、路旁、水路。
分　布	重庆特有植物。在重庆，分布于南川、江津、彭水等地。在彭水，分布于走马乡。		
应用价值	根、果实入药，具有益气活血之功效。		

铜钱树 *Paliurus hemsleyanus* Rehder

鼠李科 Rhamnaceae　马甲子属 *Paliurus*

【形态特征】乔木，高达15m；树皮暗灰色；幼枝无毛，无刺或有刺。叶互生，宽卵形或椭圆状卵形，长4～10cm，宽2.5～7cm，先端短尖或尾尖，基部圆形至宽楔形，稍偏斜，边缘有细锯齿或圆齿，基生三出脉，两面无毛；叶柄长达1cm。聚伞花序腋生或顶生；花小，黄绿色；花萼5裂；花瓣5；雄蕊5。核果周围有木栓质宽翅，近圆形，径2.5cm或更大，无毛，紫褐色。

生境	生于海拔200～1000m的山地林间。
分布	我国主要分布于甘肃、陕西、河南、安徽、江苏、浙江、江西、湖南、湖北、四川、重庆、云南、贵州、广西、广东等省区。在重庆，分布于城口、巫溪、巫山、南川、彭水等地。在彭水，分布于大垭乡龙龟村。
应用价值	树皮含鞣质，可提制栲胶。

贵州鼠李 *Rhamnus esquirolii* H. Lév.

鼠李科 Rhamnaceae　　鼠李属 *Rhamnus*

【形态特征】灌木，稀小乔木。小枝无刺，被柔毛。叶纸质，交替互生，异型，小叶长圆形或披针状椭圆形，长1.5～4cm，宽0.5～2.5cm；大叶长椭圆形、倒披针状椭圆形或窄长圆形，长5～19cm，宽1.7～6cm，先端渐尖、长渐尖或尾尖，稀骤短尖，具细齿或不明显细齿，上面无毛，下面被灰色柔毛，或沿脉被柔毛，侧脉6～8对；叶柄长0.3～1.1（～1.5）cm，被柔毛，托叶钻状。花单性异株，5基数；聚伞总状花序腋生，小苞片钻状；花序轴、花梗和花均被柔毛。萼片三角形；花瓣小，早落；花梗长1～2mm；雄花有退化雌蕊；雌花有极小的退化雄蕊，子房3室，花柱3。核果倒卵状球形，径4～5mm，萼筒宿存，紫红色，熟时黑色。种子2～3，倒卵状长圆形，背面有约与种子等长上窄下宽的纵沟。

物候期	花期5～7月，果期8～11月。	生境	生于海拔400～1800m山地。
分布	我国主要分布于湖北、四川、重庆、贵州、广西、云南等省区。在重庆，分布于大足、垫江、丰都、梁平、綦江、万盛、万州、武隆、秀山、酉阳、云阳、彭水等地。在彭水，分布于大垭乡龙龟村。		
应用价值	根、叶、果入药，具有清热利湿、活血消积、理气止痛之功效。用于腰痛、月经不调。		

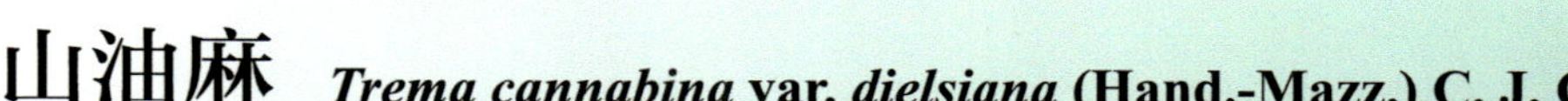

山油麻 *Trema cannabina* var. *dielsiana* (Hand.-Mazz.) C. J. Chen

榆科 Ulmaceae　　山黄麻属 *Trema*

【形态特征】小乔木或灌木状。小枝紫红色，后渐变棕色，密被斜伸的粗毛。叶薄纸质，卵形或卵状长圆形，稀披针形，长4～9cm，先端尾尖或渐尖，基部圆或浅心形，稀宽楔形，具圆齿状锯齿，上面被糙毛，下面密被柔毛，在脉上有粗毛，基脉3出，侧生的1对达中上部，侧脉2（～3）对；叶柄长4～8mm，被伸展的粗毛。雌花序常生于花枝上部叶腋，雄花序常生于花枝下部叶腋，或雌雄同序，雄花序长过叶柄；雄花被片卵形，外面被细糙毛和多少明显的紫色斑点。果近球形或宽卵圆形，微扁，径2～3mm，橘红色；花被宿存。

物候期	花期3～6月，果期9～10月。	生境	生于海拔300～1100m向阳山坡灌丛中。
分布	我国主要分布于江苏、安徽、浙江、江西、福建、湖北、湖南、广东、广西、四川、重庆、贵州等省区。在重庆，分布于奉节、彭水等地。在彭水，分布于太原镇高桥村。		
应用价值	韧皮纤维供制麻绳、纺织和造纸用，种子油供制皂和作润滑油用。		

多脉榆 *Ulmus castaneifolia* Hemsl.

榆科 Ulmaceae　　榆属 *Ulmus*

【形态特征】落叶乔木，高达20m；树皮厚，木栓层发达。一年生枝密被白色、红褐色或锈褐色长柔毛，芽鳞密被毛。叶长圆状椭圆形、长椭圆形、长圆状卵形、倒卵状长圆形或倒卵状椭圆形，长（5～）8～15cm，先端长尖或骤尖，基部偏斜，较长的一侧常覆盖叶柄，上面幼时密被硬毛，后渐脱落，下面密被长柔毛，脉腋具簇生毛，具重锯齿，侧脉（16～）24～35对；叶柄长0.3～1cm，密被柔毛。花在去年生枝成簇状聚伞花序。翅果长圆状倒卵形、倒三角状倒卵形或倒卵形，长1.5～3.3cm，仅顶端缺口柱头面被毛，余无毛；果核位于翅果上部；宿存花被无毛，4～5浅裂，裂片具缘毛；果柄密被毛。

物候期	花果期3～4月。	生　境	生于海拔500～1600m山坡或山谷阔叶林中。
分　布	我国主要分布于湖北、四川、重庆、云南、贵州、湖南、广西、广东、江西、安徽、福建、浙江等省区。在重庆，分布于酉阳、南川、江津、彭水等地。在彭水，分布于郎溪乡田湾村。		
应用价值	木材坚实，纹理直，结构略粗，有光泽及花纹。可作家具、器具、地板、车辆、造船及室内装修等用材。		

糙叶树 *Aphananthe aspera* (Thunb.) Planch.

大麻科 Cannabaceae　　糙叶树属 *Aphananthe*

【形态特征】落叶乔木，高达25m，胸径50cm；树皮纵裂，粗糙。叶纸质，卵形或卵状椭圆形，长5～10cm，先端渐尖或长渐尖，基部宽楔形或浅心形，基脉3出，侧生的1对伸达中部边缘，侧脉6～10对，伸达齿尖，锯齿锐尖，上面被平伏刚毛，下面疏被平伏细毛；叶柄长0.5～1.5cm，被平伏细毛；托叶膜质，线形，长5～8mm。核果近球形、椭圆形或卵状球形，长0.8～1.3cm，被平伏细毛，具宿存花被及柱头；果柄长0.5～1cm，疏被平伏细毛。

物候期	花期3～5月，果期8～10月。	生境	生于海拔500～1000m山谷或溪边林中。
分布	我国主要分布于山西、山东、江苏、安徽、浙江、江西、福建、台湾、湖南、湖北、广东、广西、四川、重庆、贵州、云南等省区。在重庆，分布于南川、彭水等地。在彭水，分布于朗溪乡田湾村。		
应用价值	枝皮纤维供制人造棉、绳索用；木材坚硬细密，不易拆裂，可供制家具、农具和建筑用；叶可作马饲料，干叶面粗糙，供铜、锡和牙角器等摩擦用。		

短刺米槠 *Castanopsis carlesii* var. *spinulosa* W. C. Cheng & C. S. Chao

壳斗科 Fagaceae　　锥属 *Castanopsis*

【形态特征】高大乔木；叶披针形或卵形，顶部渐尖或渐狭长尖，全缘；雄圆锥花序近顶生，雌花的花柱3或2；壳斗近圆球形或阔卵形，顶部短狭尖或圆，基部圆，刺长2～5mm，刺基部常合生成刺束，位于壳斗顶部的刺较密集且较长；坚果近圆球形或阔圆锥形，顶端短狭尖，果脐位于坚果底部。

生　境	生于海拔200～1000m的山地杂木林中，有时成小片纯林。
分　布	我国主要分布于四川、重庆、贵州等省区。重庆全市有分布。在彭水，分布于石盘乡-朗溪乡大土沟。
应用价值	树皮较平滑，位于枝节下的芽鳞痕甚明显，木材通常淡黄色或黄白色，供用材。

栲 *Castanopsis fargesii* Franch.

壳斗科 Fagaceae 锥属 *Castanopsis*

【形态特征】乔木，高达30m。芽鳞、幼枝顶部及叶下面均被易脱落红褐色或灰褐色蜡鳞层，枝、叶无毛。叶长椭圆形、卵状长椭圆形，稀卵形，长7～15cm，先端短尖或渐尖，基部圆或宽楔形，全缘或近顶部疏生浅齿，上面中脉凹下，下面被红褐色或黄褐色粉状蜡鳞，侧脉11～15对；叶柄长1～2cm。壳斗球形或宽卵圆形，连刺径2.5～3cm，不规则开裂，刺长0.8～1cm，疏生；果圆锥形，径0.8～1.4cm，无毛。

物候期	花期4～5月，果期翌年8～10月。
生境	生于海拔200～1500m山地林中，常与枫香、马尾松等混交，或成小片纯林。
分布	我国主要分布于长江以南各地，西南至滇东南，西至川西等省区。重庆全市有分布。在彭水，分布于平安镇楼房村。
应用价值	该种木材纹理直、结构略粗糙，坚实耐用，比重较轻，是良好的建筑、家具用材。同时种实味甜，含淀粉45%左右，是中国重要的木本粮食树种，种实可生食，也可酿酒或做其他副食产品；树皮和壳斗含鞣质，可提取栲胶；枝丫朽木可用来培养香菇和木耳等菌类，是非常优良的多用途树种。栲落叶丰富，根系深且发达，枯枝落叶易腐烂，能显著改善土壤肥力状况和水分状况，木材易干燥，燃烧火力旺盛，是重要的薪炭林树种。

钩锥 *Castanopsis tibetana* Hance

壳斗科 Fagaceae　　锥属 *Castanopsis*

【形态特征】乔木，高达30m，胸径1.5m。枝、叶无毛，幼枝暗紫褐色。叶卵状椭圆形、长椭圆形或倒卵状椭圆形，长15～30cm，先端短尖、渐尖或短尾尖，基部近圆或宽楔形，近顶部或中上部具锯齿，上面中脉凹下，侧脉15～18对，下面红褐色或灰褐色；叶柄长1.5～3cm。雄花序圆锥状。壳斗球形，连刺径6～8cm，4瓣裂，刺长1.5～2.5cm，壳斗壁厚3～4mm；果扁圆锥形，径2～2.8cm，被毛，果脐占果面1/4。子叶平凸，无涩味。

物候期	花期4～5月，果期翌年8～10月。	生境	生于湿润的山坡。
分布	我国主要分布于浙江、安徽、湖北、江西、福建、湖南、广东、广西、重庆、贵州、云南等省区。在重庆，分布于黔江、酉阳、秀山、石柱、武隆、彭水等地。在彭水，分布于棣棠乡四合村。		
应用价值	果肉可生食，磨粉入药可治痢疾；树皮和壳斗含鞣质；木材为柱、船槽、家具用材。		

青冈 *Quercus glauca* Thunb.

壳斗科 Fagaceae 栎属 *Quercus*

【形态特征】常绿乔木，高15～20m；小枝无毛。叶倒卵状长椭圆形或长椭圆形，长6～13cm，宽2～5.5cm，先端渐尖，基部近圆形或宽楔形，边缘中部以上有疏锯齿，上面无毛，下面有白色毛，老时渐渐脱落并有粉白色鳞秕，侧脉9～13对；叶柄长1.5～2.5（～3）cm。雌花序具花2～4。壳斗杯形，包围坚果的1/3～1/2，径0.9～1.2cm，高0.6～0.8cm；苞片合生成5～8条同心环带，环带全缘；坚果卵形或近球形，径0.9～1.2cm，长1～1.6cm，无毛；果脐隆起。

生　　境	生于1000～1500m的石灰岩山地上。
分　　布	我国主要分布于陕西、甘肃、江苏、安徽、浙江、江西、福建、台湾、河南、湖北、湖南、广东、广西、四川、重庆、贵州、云南、西藏等省区。在重庆，分布于城口、巫溪、巫山、南川、江津、彭水等地。在彭水，各乡镇均有分布。
应用价值	青冈用途广泛，是重要的园林绿化树种，可作为防火、防风林树种，也是重要的经济、用材树种。青冈耐贫瘠、喜钙质土壤，木材坚硬、韧度高、干缩较大、耐腐蚀，可做家具、地板等，是非常具有开发前景的用材树种，种子淀粉含量可达60%～70%，可食，树皮还可提取栲胶，是非常好的多用途树种，经济价值大。青冈根系发达、侧枝多、生物量大，在中国南方地区广泛用作薪炭材、水保树种，能保持水土、改善土壤肥力，有重要的生态和经济价值。

栓皮栎 *Quercus variabilis* Blume

壳斗科 Fagaceae　　栎属 *Quercus*

【形态特征】落叶乔木，高达30m，胸径1m；树皮深纵裂，木栓层发达。小枝无毛。叶卵状披针形或长椭圆状披针形，长8～15（～20）cm，先端渐尖，基部宽楔形或近圆，具刺芒状锯齿，老叶下面密被灰白色星状毛，侧脉13～18对；叶柄长1～3(～5)cm。壳斗杯状，连条形小苞片高约1.5cm，径2.5～4cm，小苞片反曲。果宽卵圆形或近球形，长约1.5cm，顶端平圆。

物候期	花期3～4月，果期翌年9～10月。	生　境	生于海拔1500m以下山区阳坡林中。

分　布	我国主要分布于辽宁、河北、山西、陕西、甘肃、山东、江苏、安徽、浙江、江西、福建、台湾、河南、湖北、湖南、广东、广西、四川、重庆、贵州、云南等省区。在重庆，分布于万州、石柱、南川、彭水等地。在彭水，各乡镇均有分布。
应用价值	栓皮栎木材坚韧致密，纹理通直美观，强度大，耐水湿，结构略粗，是建筑、车、船、家具、枕木、体育器械等重要用材。枝干是培植银耳、木耳、香菇的优良材料。栓皮隔热、隔音、不导电、不透气透水，可用于制作绝缘器、隔音板、救生器、瓶塞等。种子含大量淀粉，可作饲料和酿酒。栓皮栎树干通直，枝条广展，树冠浓郁，叶色季相变化明显，是优良的绿化观赏树种。因其根系发达，适应性强，树皮不易燃烧，又是营造防风林、防火林及水源涵养林的优良树种。种仁做饲料及酿酒；壳斗可提取栲胶、制活性炭。

黄杞 *Engelhardia roxburghiana* Wall.

胡桃科 Juglandaceae　　黄杞属 *Engelhardia*

【形态特征】小乔木；高达10（～18）m，全株无毛；小枝灰白色，被锈褐色或橙黄色圆形腺鳞；偶数羽状复叶长8～16cm，叶柄长1.5～4cm，具1～2对小叶；小叶椭圆形或长椭圆形，长5～13cm，全缘，先端短渐尖或骤尖，基部歪斜，圆或宽楔形，侧脉5～7对，小叶柄长0.5～1cm；花序顶生；果序长7～12cm，果序柄长3～4cm；果球形，径3～4mm，无刚毛，密被橙黄色腺鳞；苞片托果，膜质，3裂，背面疏被腺鳞，基部无刚毛，裂片长圆形，先端钝，中裂片长2～3.5cm，侧裂片长1.5～2.2cm。

生　境	生于海拔200～1500m的山地林中。
分　布	我国主要分布于台湾、广东、广西、湖南、贵州、四川、重庆、云南等省区。在重庆，分布于涪陵、石柱、黔江、彭水、秀山、南川、北碚、大足、璧山等地。在彭水，分布于大垭乡龙龟村。
应用价值	树皮纤维质量好，可制人造棉，亦含鞣质可提栲胶；叶有毒，制成溶剂能防治农作物病虫害，亦可毒鱼；木材为工业用材和制造家具。树皮、叶可供药用，有行气化湿、导滞、清热止痛之功效。黄杞树形开展，树干光洁，叶片亮绿色，可栽培作庭荫树。

化香树 *Platycarya strobilacea* Siebold & Zucc.

胡桃科 Juglandaceae　　化香树属 *Platycarya*

【形态特征】落叶乔木，高达20m。奇数羽状复叶，具（3～）7～23小叶；小叶纸质，卵状披针形或长椭圆状披针形，长4～11cm，具锯齿，先端长渐尖，基部歪斜。两性花序常单生，长5～10cm，雌花序位于下部，长1～3cm，雄花序位于上部，有时无雄花序而仅有雌花序；雄花序常3～8，长4～10cm。果序卵状椭圆形或长椭圆状圆柱形，长2.5～5cm；宿存苞片长0.7～1cm；果长4～6mm。种子卵圆形，种皮黄褐色，膜质。

物候期	花期5～6月，果期7～8月。	生境	生于海拔600～1300m阳坡及林中。
分布	我国主要分布于秦岭以南各省区。在重庆，分布于城口、巫溪、奉节、万州、丰都、垫江、石柱、武隆、黔江、秀山、南川、合川、彭水等地。在彭水，分布于石盘乡、朗溪乡。		
应用价值	羽状复叶，穗状花序，果序呈球果状，直立枝端经久不落，在落叶阔叶树种中具有特殊的观赏价值，在园林绿化中可作为点缀树种应用。果序及树皮富含单宁，可作天然染料用。		

枫杨 *Pterocarya stenoptera* C. DC.

胡桃科 Juglandaceae　　枫杨属 *Pterocarya*

【形态特征】乔木，高达30m。裸芽具柄，常几个叠生，密被锈褐色腺鳞。偶数稀奇数羽状复叶，长8～16（～25）cm，叶柄长2～5cm，叶轴具窄翅，被短毛；小叶（6～）10～16（～25），无柄，长椭圆形或长椭圆状披针形，长8～12cm，先端短尖，基部楔形、宽楔形或圆形，具内弯细锯齿，下面疏被腺鳞，侧脉腋内具簇生星状毛。雄葇荑花序长6～10cm，单生于去年生枝叶腋。雌葇荑花序顶生，长10～15cm，花序轴密被星状毛及单毛；雌花苞片无毛或近无毛。果序长20～45cm，果序轴常被毛。果长椭圆形，长6～7mm，基部被星状毛；果翅条状长圆形，长1.2～2cm，宽3～6mm。

物候期	花期4～5月，果期8～9月。
生　境	生于海拔1500m以下的沿溪涧河滩、阴湿山坡地的林中。
分　布	我国主要分布于陕西、河南、山东、安徽、江苏、浙江、江西、福建、台湾、广东、广西、湖南、湖北、四川、重庆、贵州、云南等省区，华北和东北仅有栽培。在重庆，分布于万州、石柱、黔江、彭水、酉阳、秀山、南川、巴南等地。在彭水，分布于郁山镇。
应用价值	速生，萌芽力强，可作园林、行道树及固堤防护林绿化树种，树皮与枝皮含鞣质，亦可供纤维，果实可作饲料、酿酒，种子可榨油。枫杨树冠广展，枝叶茂密，生长快速，根系发达，为河床两岸低洼湿地的良好绿化树种，还可防治水土流失。枫杨既可以作为行道树，也可成片种植或孤植于草坪及坡地，均可形成一定景观。

桤木 ***Alnus cremastogyne* Burkill**

桦木科 Betulaceae　　桤木属 *Alnus*

【形态特征】乔木，高达40m；树皮灰色。小枝无毛，芽具柄，芽鳞2，无毛。叶倒卵形、倒卵状椭圆形、长圆形或倒披针形，长4～14cm，先端骤尖，基部楔形或稍圆，上面疏被腺点，幼时被柔毛，下面密被腺点，近无毛，脉腋具髯毛，疏生不明显纯齿，侧脉8～10对；叶柄长1～2cm。雌花序单生叶腋，长圆形，长1～3.5cm，序梗细，下垂，长3～8cm，无毛或幼时疏被柔毛。小坚果卵形，长约3mm，翅膜质，翅宽约为果的1/2。

生　境	生于海拔500～3000m河岸或山坡林中。
分　布	我国主要分布于四川、重庆、贵州、陕西、甘肃等省区。在重庆，分布于城口、巫溪、巫山、万州、南川、九龙坡、北碚、彭水等地。在彭水，各乡镇均有分布。
应用价值	桤木根系发达，具有根瘤或菌根，能固沙保土，增加土壤肥力，是理想的生态防护林和混交林树种；桤木喜水湿，多生于河滩、溪沟两边及低湿地，是河岸护堤和水湿地区重要造林树种；适应性强，耐瘠薄，生长迅速，是理想的荒山绿化树种；树姿端庄，适应性强，抗风力强，耐烟尘，是重要的材用和特种经济树种。桤木木材淡红褐色，心材边材区别不显著，硬度适中，纹理通直，结构细致而松，耐水湿，可作为胶合板、造纸、乐器、家具等用材。树皮、果实富含单宁，可作染料和提制栲胶。木炭可制黑色火药。叶可作绿肥。其叶产量高，含氮丰富，可作为绿色饲料。同时也是良好的蜜源树种。

亮叶桦 *Betula luminifera* H. J. P. Winkl.

桦木科 Betulaceae　　桦木属 *Betula*

【形态特征】乔木，高达25m；树皮光滑。幼枝密被黄色柔毛及稀疏树脂腺体。叶卵状椭圆形、长圆形或长圆状披针形，长4.5～10cm，先端渐尖或尾尖，基部圆、近心形或宽楔形，幼时密被柔毛，后脱落，下面密被树脂腺点，具不规则刺毛状重锯齿，侧脉12～14对；叶柄长1～2cm，密被长柔毛及树脂腺体。雌花序单生，细长圆柱形，序梗长1～2mm，密被柔毛及树脂腺体。果苞中裂片长圆形或披针形，侧裂片长为中裂片的1/4。小坚果倒卵形，长约2mm，疏被柔毛，膜质翅宽为果的1～2倍，部分露出苞片。

物候期	花期3月下旬至4月上旬，果期5月至6月上旬。
生境	生于海拔200～1800m阳坡林中。
分布	我国主要分布于四川、重庆、云南、贵州、陕西、甘肃、湖北、江西、浙江至广西、广东一带。在重庆，分布于城口、奉节、丰都、石柱、黔江、酉阳、秀山、南川、巴南、江北、合川、大足、铜梁、彭水等地。在彭水，各乡镇均有分布。
应用价值	材质坚韧细致，不翘不裂，干燥性能良好，耐腐性差，需加防腐处理，供枪托、航空、建筑、家具、造纸等用；木屑可提取木醇、醋酸；树皮可提取栲胶及炼制桦焦油。

五柱绞股蓝 *Gynostemma pentagynum* Z. P. Wang

葫芦科 Cucurbitaceae 绞股蓝属 *Gynostemma*

【形态特征】草质攀缘藤本。茎约2m或更长，径约4mm，棱角分明，具白色长柔毛。卷须丝状，下面具长柔毛，上面逐渐脱落，先端裂。鸟足状复叶，具5～7小叶；叶柄长9～13cm，具长柔毛；小叶椭圆形，中央小叶长约10cm，两面疏生短柔毛，密被沿脉长柔毛，边缘有不规则锯齿，先端短渐尖；小叶柄长3～5mm；侧生小叶逐渐变小和不对称，小叶柄短。植株雌雄异株。雄花多数，圆锥花序，长3～4cm，具长柔毛；花萼裂片狭椭圆形，两面无毛，先端钝；卵形的花冠裂片，长约4mm，宽约0.6mm，外面无毛，里面有腺毛，具不明显的中脉，先端丝状渐尖；花丝长约0.2mm，药隔圆柱形。雌花单生或2（～3）着生在非常短的总状花序中；花序梗长2～3mm；花梗可达4cm；无退化雄蕊；雌蕊群有（4～）5心皮；子房密被短柔毛和腺状短柔毛，（4～）5室，每室具1胚珠；花柱（4～）5，分叉；柱头2，平展。

物候期	花期7月。	生境	生于沟边或湿润的阔叶林下。
分布	重庆市新分布。在彭水，分布于朗溪乡、绍庆街道阿依河。		
保护利用现状	中国特有植物，《中国生物多样性红色名录——高等植物卷》（2020）评为“CR（极危）”，主要采用原地保护。		
应用价值	全草及根茎入药，具有清热解毒、止咳清肺祛痰、养心安神、补气生精之功效，可用于降血压、降血脂、护肝、促进睡眠，以及肠胃炎、气管炎、咽喉炎的治疗，并用于多种癌症的抗癌临床治疗。		

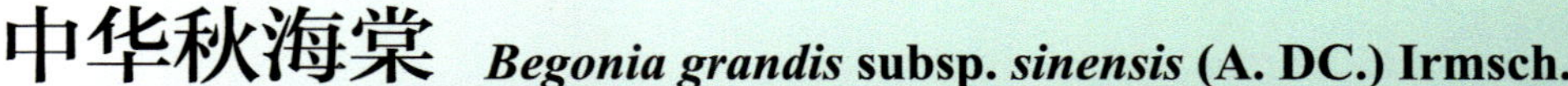

中华秋海棠 *Begonia grandis* subsp. *sinensis* (A. DC.) Irmsch.

秋海棠科 Begoniaceae　　秋海棠属 *Begonia*

【形态特征】中型草本。茎高20～40（～70）cm，几不分枝，外形似金字塔。叶较小，椭圆状卵形至三角状卵形，长5～12（～20）cm，宽3.5～9（～13）cm，先端渐尖，下面色淡，偶带红色，基部心形，宽侧下延呈圆形，长0.5～4cm，宽1.8～7cm。花序较短，呈伞房状至圆锥状二歧聚伞花序；花小，雄蕊多数，短于2mm，整体呈球状；花柱基部合生或微合生，有分枝，柱头呈螺旋状扭曲，稀呈"U"字形。蒴果具3不等大之翅。

生　境	生于海拔300～2900m山谷阴湿岩缝、疏林内或荒坡阴湿地。
分　布	我国主要分布于河北、山东、河南、山西、甘肃南部、陕西、四川东部、重庆、贵州、广西、湖北、湖南、江苏、浙江、福建。在重庆，分布于巫溪、开州、南川、彭水等地。在彭水，分布于绍庆街道阿依河。
应用价值	块茎可入药，有发汗、治筋痛之功效。

青江藤 *Celastrus hindsii* Benth.

卫矛科 Celastraceae　　南蛇藤属 *Celastrus*

【形态特征】常绿藤状灌木。小枝紫色，具稀疏皮孔。叶长圆状窄椭圆形或椭圆状倒披针形，长7～14cm，先端渐尖或骤尖，基部楔形或圆，边缘具疏锯齿，侧脉5～7对，小脉密平行成横格状；叶柄长0.6～1cm。顶生聚伞圆锥花序长5～14cm，腋生花序具1～3花，稀成短小聚伞圆锥状。花淡绿色，花梗长4～5mm，关节在中部偏上；雄蕊萼片近半圆形，长约1mm；花瓣长圆形，长约2.5mm，边缘具细短毛；花盘杯状，厚膜质，浅裂，雄蕊着生其边缘；退化雌蕊细小；雌花子房近球形，具退化雄蕊。蒴果近球形，长7～9mm，径6.5～8.5mm。种子1，宽椭圆形或近球形，长5～8mm，假种皮红色。

物候期	花期5～7月，果期7～10月。	生　　境	生于海拔300～2500m灌丛或山地林中。
分　　布	我国主要分布于江西、湖北、湖南、贵州、四川、重庆、台湾、福建、广东、海南、广西、云南、西藏等省区。在重庆，分布于城口、巫山、奉节、石柱、黔江、酉阳、南川、北碚、彭水等地。在彭水，分布于朗溪乡至黄家镇、绍庆街道阿依河。		
应用价值	叶入药，能清热解毒。		

金丝桃 *Hypericum monogynum* L.

金丝桃科 Hypericaceae　　金丝桃属 *Hypericum*

【形态特征】灌木，高达1.3m。叶倒披针形、椭圆形或长圆形，稀披针形或卵状三角形，具小突尖，基部楔形或圆，上部叶有时平截至心形，侧脉4～6对，网脉密，明显；近无柄。花序近伞房状，具1～15（～30）花。花径3～6.5cm，星状；花梗长0.8～2.8（～5）cm；花萼裂片椭圆形、披针形或倒披针形，基部腺体线形或条纹状；花瓣金黄色或橙黄色，三角状倒卵形，长1～2cm，无腺体；花柱长为子房的3.5～5倍，合生近顶部。蒴果宽卵球形，稀卵状圆锥形或近球形，长0.6～1cm，径4～7mm。

物候期	花期5～8月，果期8～9月。	生境	生于海拔1500m以下山地灌丛中。
分布	我国主要分布于河北、陕西、山东、江苏、安徽、浙江、江西、福建、台湾、河南、湖北、湖南、广东、广西、四川、重庆、贵州等省区。在重庆，分布于武隆、彭水、酉阳、南川、江津、潼南等地。在彭水，分布于靛水街道摩围山。		
应用价值	花美丽，供观赏，根及果可药用，果可代连翘，祛风湿、止咳、下乳、调经补血，治跌打损伤。		

山桐子 *Idesia polycarpa* Maxim.

杨柳科 Salicaceae 山桐子属 *Idesia*

【形态特征】落叶乔木，高达15m；植株无刺。幼枝疏被柔毛。叶互生，卵圆形或卵形，长7～21cm，宽5～20cm，先端渐尖或尾尖，基部心形，掌状5出脉，疏生锯齿，下面有白粉，脉腋密生柔毛；叶柄与叶片近等长，顶端或近中部有2（～6）瘤状腺体，托叶小，早落。圆锥花序顶生或腋生，长12～25cm，下垂。花单性，雌雄异株；花下位；花梗长0.5～1cm；萼片4～6，长圆形，长7～9mm，被毛；无花瓣；雄花雄蕊多数，花丝不等长，着生于花盘上，退化子房极小；雌花退化雄蕊多数，无花药，子房1室，侧膜胎座3～6，胚珠多数。浆果红色，球形，径0.7～1cm。种子卵圆形，长1.5～2mm；子叶圆形。

物候期	花期5～6月，果期6～11月。
生境	生于海拔500～1300m山地沟谷、溪畔阔叶林中。
分布	我国主要分布于甘陕南部、晋南、豫南、西南、中南、华东、华南等省区。在重庆，分布于忠县、南川、彭水等地。在彭水，分布于太原镇、龙射镇。
应用价值	木材松软，可供建筑、家具、器具等的用材；为山地营造速生混交林和经济林的优良树种；花多芳香，有蜜腺，为养蜂业的蜜源植物；树形优美，果实长序，结果累累，果色朱红，形似珍珠，风吹袅袅，为山地、园林的观赏树种；果实、种子均含油。

栀子皮 *Itoa orientalis* Hemsl.

杨柳科 Salicaceae　栀子皮属 *Itoa*

【形态特征】乔木，高达10m。幼枝被毛，后渐脱落无毛，皮孔明显。叶互生，有时近对生或在枝顶呈轮生状，椭圆形或长圆形，长15～30cm，先端渐尖，基部圆或心形，边缘有粗齿，下面被黄色柔毛，侧脉10～21对；叶柄长2～6cm，被毛。雄花序为直立圆锥花序，长达15cm；萼片3～4，基部常合生，长1～1.2cm，被毛；雄蕊多数，花丝细长；退化雌蕊具毛。雌花单生，顶生或腋生；子房1室，被毛，具6～8侧膜胎座，花柱6～8。蒴果，卵圆形，长约8cm，初被黄色毛，后渐脱落。种子扁，具膜质翅，长1.5～2cm。

物候期	花期4～6月，果期9～11月。	生境	生于海拔500～1600m山地常绿阔叶林中。
分布	我国主要分布于四川、重庆、云南、贵州和广西等省区。在重庆，分布于彭水、南川、合川、大足、潼南、永川、荣昌等地。在彭水，分布于绍庆街道阿依河。		
应用价值	材质良好，结构细密，供建筑、家具和器具等用；可作为蜜源植物；叶大果大，庭园栽培供观赏。根入药，用于风湿、跌打、贫血；枝叶入药，用于肝硬化。		

毛果巴豆 *Croton lachnocarpus* Benth.

大戟科 Euphorbiaceae　巴豆属 *Croton*

【形态特征】灌木，高达2m。幼枝、幼叶、花序和果均密被星状毛。叶纸质，长圆形或椭圆状卵形，稀长圆状披针形，长4～10（～13）cm，先端钝、短尖或渐尖，基部近圆或微心形，具不明显细钝齿，齿间常有具柄腺体，老叶下面密被星状毛，基脉3出，侧脉4～6对，叶基部或叶柄顶端有2枚具柄盘状腺体；叶柄长（1～）2～4（～6）cm。总状花序顶生；苞片钻形。雄花具10～12雄蕊；雌花萼片被星状柔毛，子房被黄色茸毛，花柱线形，2裂。蒴果扁球形，径0.6～1cm，被毛。种子椭圆形，暗褐色，光滑。

物候期	花期4～5月。	生境	生于海拔900m以下山地溪边、疏林、灌丛中。
分布	我国主要分布于江西、湖南、重庆、贵州、广东和广西等省区。在重庆，分布于万州、南川、彭水等地。在彭水，分布于大垭乡龙龟村。		
应用价值	根、叶入药，具有解毒止痛、祛风除湿、散瘀消肿之功效。用于毒蛇咬伤、皮肤瘙痒、风湿关节痛、肌肉疼痛、产后风瘫、缠腰火丹、跌打损伤、脓肿、瘰疬、带状疱疹、无名肿毒、痈疽。		

油桐 *Vernicia fordii* (Hemsl.) Airy Shaw

大戟科 Euphorbiaceae　　油桐属 *Vernicia*

【形态特征】落叶乔木。叶卵圆形，长8～18cm，先端短尖，基部平截或浅心形，全缘，稀1～3浅裂，老叶上面无毛，下面被贴伏柔毛，掌状脉5（～7）；叶柄与叶片近等长，顶端有2扁球形无柄腺体。花雌雄同株，先叶或与叶同放。萼2（～3）裂，被褐色微毛，花瓣白色，有淡红色脉纹，倒卵形，长2～3cm；雄花雄蕊8～12，外轮离生，内轮花丝中部以下合生；雌花子房3～5（～8）室。核果近球形，径4～6（～8）cm，果皮平滑。种子3～4（～8）。

物候期	花期4～5月，果期10月。	生　境	生于海拔1000m以下山地。
分　布	我国主要分布于秦岭以南各省区。重庆全市均有分布。在彭水，各乡镇均有分布。		
应用价值	重要的工业油料树种。从油桐种子榨取的油称为桐油，传统桐油用于木材防腐，是我国传统的出口商品。另外，油桐木材可制家具，树皮可提取栲胶，果壳可制造活性炭和提取桐碱，油饼是优良的农家肥料，能改良土壤、改造冷浸田、杀灭害虫。		

石海椒 *Reinwardtia indica* Dumort.

亚麻科 Linaceae　　石海椒属 *Reinwardtia*

【形态特征】常绿灌木，高达1m；树皮灰色。叶椭圆形或倒卵状椭圆形，长2～8.8cm，先端稍圆具小尖头，基部楔形，全缘或具细钝齿。花单生叶腋，或簇生枝顶，花径1.4～3cm。萼片5，披针形，长0.9～1.2cm，宿存；同株花的花瓣5或4，黄色，分离，长1.7～3cm，宽1.3cm，早萎；雄蕊5，长约1.3cm，花丝下部成翅状或瓣状；腺体5，与雄蕊环合生；子房3室；花柱3，下部合生。蒴果球形，6裂，每裂瓣具1种子。

物候期	花果期4月至翌年1月。
生　境	生于海拔550～2300m林下、山坡灌丛中、沟边，常生于石灰岩土壤上。
分　布	我国主要分布于湖北、福建、广东、广西、四川、重庆、贵州和云南等省区。在重庆，分布于城口、云阳、开州、武隆、彭水、酉阳、南川、巴南、南岸等地。在彭水，分布于汉葭街道亭子村。
应用价值	嫩枝、叶可药用，能消炎解毒、清热、利尿。

青篱柴 *Tirpitzia sinensis* (Hemsl.) Hallier f.

亚麻科 Linaceae　青篱柴属 *Tirpitzia*

【形态特征】灌木，高1～4m，无毛，叶有短柄，纸质，倒卵状椭圆形或椭圆形，长2.2～6.8cm，宽2～3.4cm，顶端圆形，基部宽楔形，全缘，脉稍隆起或近平，脉网不明显；叶柄长0.7～1.6cm。聚伞花序在茎和分枝上部腋生，长达4cm；苞片小，宽卵形；花有短梗，有香味；萼片5，披针形，长6～8mm，果期宿存；花瓣5，白色，瓣片圆倒卵形或倒卵形，宽0.6～1.5cm，爪细，长2.5～3cm；雄蕊5，比花瓣爪稍长，花丝筒长约5mm，退化雄蕊5；子房4室，花柱4，与雄蕊近等长，柱头球形。蒴果卵形，长1.1～1.5cm，室间开裂成4瓣；种子与果近等长，顶部翅狭长。

生　境　生于海拔160～1600m石灰山的灌丛中。

分　布　我国主要分布于湖北、广西、重庆、贵州、云南等省区。重庆市新分布。在彭水，分布于黄家镇。

应用价值　根、叶可入药，具活血、止血、止痛之功效。用于劳伤、刀伤出血、跌打损伤、疥疮。

野鸦椿 *Euscaphis japonica* (Thunb. ex Roem. & Schult.) Kanitz

省沽油科 Staphyleaceae　　野鸦椿属 *Euscaphis*

【形态特征】落叶小乔木或灌木，高达8m。小枝及芽红紫色，枝叶揉碎后有气味。叶厚纸质，长卵形或椭圆形，稀圆形，长4～6（～9）cm，先端渐尖，基部钝圆，疏生短齿，齿尖有腺体，下面沿脉有柔毛，中脉、侧脉两面明显；小叶柄长1.2cm，小托叶三角状线形，有微柔毛。圆锥花序顶生，花序梗长达21cm，花多，较密集。花黄白色，径4～5mm；萼片与花瓣5，椭圆形，萼片宿存，心皮3，分离。蓇葖果长1～2cm，果皮软革质，紫红色，有纵脉纹。种子近圆形，径约5mm，假种皮肉质，黑色，有光泽。

物候期	花期5～6月，果期8～9月。	生境	生于山坡、谷地丛林中。
分布	除西北地区外，其余各省区均有分布。在重庆，分布于城口、巫溪、奉节、忠县、云阳、石柱、酉阳、南川、北碚、合川、彭水等地。在彭水，分布于国有林场太原镇管护站。		
应用价值	木材可作器具用材；种子油可制皂；树皮可提烤胶；根及干果可入药，用于祛风除湿；也可作观赏植物栽培。		

西域旌节花 *Stachyurus himalaicus* Hook. f. & Thomson ex Benth.

旌节花科 Stachyuraceae　旌节花属 *Stachyurus*

【形态特征】落叶灌木或小乔木，高达5m。叶坚纸质或薄革质，披针形或长圆状披针形，长8～13cm，先端渐尖或长渐尖，基部钝圆，具细密的锐锯齿，齿尖骨质并加粗，侧脉5～7对；叶柄紫红色，长0.5～1.5cm。穗状花序腋生，长5～13cm，无梗，常下垂，基部无叶。花黄色，长约6mm，几无梗；苞片1，三角形，小苞片2，宽卵形，先端急尖，基部连合；萼片4，宽卵形；花瓣4，倒卵形，长约5mm；雄蕊8枚，长4～5cm，通常短于花瓣；花药黄色；子房卵状长圆形，连花柱长约6mm，柱头头状。果近球形，径7～8cm，无柄或近无柄，具宿存花柱。

物候期	花期3～4月，果期5～8月。	生　境	生于海拔400～3000m山坡阔叶林下或灌丛中。
分　布	我国主要分布于陕西、湖南、湖北、广西、广东及华东东南部、西南各省。在重庆，各区县均有分布。在彭水，分布于靛水街道摩围山。		
应用价值	茎髓供药用，为中药“通草”。		

云南旌节花 *Stachyurus yunnanensis* Franch.

旌节花科 Stachyuraceae　　旌节花属 *Stachyurus*

【形态特征】常绿灌木，高达3m。叶革质或薄革质，椭圆状长圆形或长圆状披针形，长7～15cm，宽2～4cm，先端渐尖或尾状渐尖，基部楔形或钝圆，具细尖锯齿，齿尖骨质，下面淡绿色或紫色，两面无毛，侧脉5～7对；叶柄粗壮，长1～2.5cm。总状花序腋生，长3～8cm，花序轴之字形，花序梗长约7mm，有12～22花。花近无梗；苞片1，三角形，小苞片三角状卵形；萼片4，卵圆形，长约3.5mm；花瓣4，黄色或白色，倒卵圆形，长5.5～6.5mm；雄蕊8，无毛；子房和花柱长约6mm，无毛，柱头头状。果球形，径6～7mm，无梗，具宿存花柱和苞片及花丝的残存物。

物候期	花期3～4月，果期6～9月。
生境	生于海拔800～1800m山坡常绿阔叶林中或林缘灌丛中。
分布	我国主要分布于重庆、云南东南部。在重庆，分布于城口、巫溪、巫山、奉节、武隆、南川、彭水等地。在彭水，分布于绍庆街道阿依河。
保护利用现状	《中国生物多样性红色名录——高等植物卷》（2020）评为“VU（易危）”，主要采用原地保护。
应用价值	茎髓入药，具有清热、利尿渗湿、通乳之功效，用于尿路感染、小便赤黄或尿闭、湿热癃淋、热病口渴、乳汁不下、风湿关节痛。

毛脉南酸枣 *Choerospondias axillaris* var. *pubinervis* (Rehder & E. H. Wilson) B. L. Burtt & A. W. Hill

漆树科 Anacardiaceae　　南酸枣属 *Choerospondias*

【形态特征】落叶乔木，高达30m。小枝被灰白色微柔毛，具皮孔。奇数羽状复叶互生，长2.5～40cm，小叶7～13，对生，窄长卵形或长圆状披针形，长4～12cm，先端长渐尖，基部宽楔形，全缘，小叶背面脉上及小叶柄、叶轴上被柔毛；小叶柄长2～5mm。花单性或杂性异株，雄花和假两性花组成圆锥花序，雌花单生上部叶腋。萼片5，被微柔毛；花瓣5，长圆形，长2.5～3cm，外卷；雄蕊10，与花瓣等长；花盘10裂，无毛；子房5室，每室1胚珠，花柱离生。核果黄色，椭圆状球形，长2.5～3cm，中果皮肉质浆状，果核顶端具5小孔。种子无胚乳。

物候期	花期4月，果期8～10月。	生境	生于海拔400～1000m的疏林中。
分布	我国主要分布于四川、重庆、贵州、湖南、湖北、甘肃等省区。在重庆，分布于石柱、武隆、彭水、秀山、南川、綦江等地。在彭水，分布于高谷镇庞溪村。		
保护利用现状	中国特有植物，《中国生物多样性红色名录——高等植物卷》(2020）评为“VU（易危）”，主要采用原地保护。		
应用价值	生长快、适应性强，为较好的速生造林树种。树皮和叶可提栲胶。果可生食或酿酒。果核可作活性炭原料。茎皮纤维可作绳索。树皮和果入药，有消炎解毒、止血止痛之功效，外用治大面积水火烧烫伤。		

黄连木 *Pistacia chinensis* Bunge

漆树科 Anacardiaceae　　黄连木属 *Pistacia*

【形态特征】落叶乔木，高达25m，胸径1m。偶数羽状复叶具10～14小叶，叶轴及叶柄被微柔毛；小叶近对生，纸质，披针形或窄披针形，长5～10cm，宽1.5～2.5cm，先端渐尖或长渐尖，基部窄楔形或近圆，侧脉两面突起；小叶柄长1～2mm。先花后叶，雄圆锥花序花密集，雌花序疏散，均被微柔毛。花具梗；苞片披针形，长1.5～2mm；雄花花萼2～4裂，披针形或线状披针形，长1～1.5mm，雄蕊3～5，花丝长不及0.5mm，花药长约2mm；无退化子房。雌花花萼7～9裂，长0.7～1.5mm，外层2～4片，披针形或线状披针形，内层5片卵形或长圆形，无退化雄蕊。核果红色均为空粒，不能成苗，绿色果实含成熟种子，可育苗。

物候期	花期3～4月，果期9～11月。	生　境	生于海拔140～3550m的石山林中或村舍旁。
分　布	我国主要分布于长江以南及华北、西北各省区。在重庆，分布于万州、丰都、垫江、彭水、酉阳、合川、荣昌等地。在彭水，分布于朗溪乡田湾村。		
应用价值	黄连木是优良的木本油料树种。木材可供民用建筑，制造箱板、农具、家具等。黄连木成林后具有保持水土、调节小气候、防风固土、抗污染等生态功能。		

梓叶槭 *Acer amplum* subsp. *catalpifolium* (Rehder) Y. S. Chen

无患子科 Sapindaceae 槭属 *Acer*

【形态特征】落叶乔木，高达25m。叶纸质，卵形或长卵圆形，长10～20cm，宽5～9cm，先端尾尖，基部圆，全缘，不裂，下面脉腋具黄色簇生毛，上面主脉及侧脉均凹下；叶柄长5～14cm，无毛。伞房花序顶生。花杂性，黄绿色；萼片长卵圆形，先端凹缺；花瓣长倒卵形或倒披针形，长4～5mm，无毛；雄花雄蕊长3～3.5mm，着生于花盘内侧，两性花雄蕊较短；花盘盘状。小坚果扁平，连翅长4.5～5cm，两翅成锐角；果柄长2～3cm。

物候期	花期4月上旬，果期8～9月。	生境	生于海拔400～1000m阔叶林中。
分布	我国主要分布于重庆及四川西部成都平原周围各县。重庆市新分布。在彭水，分布于郁山镇大坝村。		
保护利用现状	中国特有植物，国家二级重点保护野生植物，主要采用原地保护。		
应用价值	大乔木，树干通直，树冠伞形优美，可作行道树及观赏树。材质优良，可供制家具、胶合板、装饰等用。		

伞花木 *Eurycorymbus cavaleriei* (H. Lév.) Rehder & Hand.-Mazz.

无患子科 Sapindaceae　　伞花木属 *Eurycorymbus*

【形态特征】乔木，高6～20m；小枝、叶柄和叶轴均有绢柔毛。双数羽状复叶，互生，连柄长15～45cm；小叶8～20，近对生，膜质，长椭圆形，长7～11cm，宽2.5～3.5cm，除沿下面中脉有疏柔毛外无毛，边缘有疏钝细齿。花小，雌雄异株，排成顶生、伞房花序式的复圆锥花序；雄花梗较雌花梗纤细，并为其一半长，长约2mm，都被灰色茸毛；萼片5，有毛；花瓣5，狭匙状，长约2mm；花盘环状，无毛，边缘有钝齿状浅裂；雄蕊8，果球形，长7～8mm，3深裂，但通常只1个分果瓣发育，密生褐灰色短茸毛；种子球形，黑色，有光泽。

物候期	花期5～6月，果期10月。	生境	生于海拔250～400m处的沟边阔叶林中。
分布	我国主要分布于云南、贵州、四川、重庆、广西、湖南、江西、广东、福建、台湾等省区。重庆市新分布。在彭水，分布于大垭乡龙龟村。		
保护利用现状	中国特有植物，国家二级重点保护野生植物，主要采用原地保护。		
应用价值	伞花木茎的提取物，具有一定的抗氧化和抗肿瘤活性，有一定的药用价值。其花多而稠密，且具芳香，是良好的园林观赏树种和风景树；该种还可生长于石灰岩山地等，可作为喀斯特地区的景观绿化用树；也因其为第三纪残遗于中国的特有单种属植物，对研究植物区系和无患子科的系统发育有科学价值；还因其具有木质轻、易加工、变形小等优点，可作为制造用材；伞花木亦为极具开发前景的食用油料和生物柴油用植物材料。		

宜昌橙 *Citrus cavaleriei* H. Lév. ex Cavalier

芸香科 Rutaceae　柑橘属 *Citrus*

【形态特征】小乔木或灌木状，高达4m。枝干多锐刺，刺长1～2.5cm，花枝常无刺。叶卵状披针形，长2～8cm，顶部短狭尖，全缘或具细钝齿；叶柄翅较叶稍短小或稍长。单花腋生。花萼5浅裂；花瓣5，淡紫红色或白色，长1～1.8cm；雄蕊20～30，花丝合生成多束。果扁球形、球形或梨形，顶部乳头状突起或圆，长3～5cm，径4～6cm，梨形的高9～10cm，径7～8cm，淡黄色，粗糙，油胞大，突起，果皮厚3～6mm，果肉酸苦。

物候期	花期3～4月，果期10～11月。	生　境	生于海拔800～1800m山坡杂木林中。
分　布	我国主要分布于陕西南部、甘肃南部、湖北西部、湖南西部、广西北部、贵州、四川、云南、重庆等省区。在重庆，分布于城口、巫山、奉节、石柱、武隆、黔江、南川、綦江、江北、合川、江津、彭水等地。在彭水，分布于长生镇。		
保护利用现状	国家二级重点保护野生植物，主要采用原地保护。		
应用价值	耐寒、耐土壤瘦瘠、耐阴、抗病力强，是嫁接柑橘属植物的优良砧木。		

裸芸香 *Psilopeganum sinense* Hemsl.

芸香科 Rutaceae　　裸芸香属 *Psilopeganum*

【形态特征】植株高30～80cm；根纤细；叶有柑橘叶香气，叶柄长8～15mm；小叶椭圆形或倒卵状椭圆形，中间1片最大，长很少达3cm，宽不到1cm，两侧2片甚小，长4～10mm，宽2～6mm，顶端钝或圆，微凹缺，下部狭至楔尖，边缘有不规则亦不明显的钝裂齿，无毛，背面灰绿色；花梗在花蕾及结果时下垂，开花时挺直，花蕾时长约5mm，结果时长至15mm；萼片卵形，长约1mm，绿色；花瓣盛花时平展，卵状椭圆形，长4～6mm，宽约2mm；雄蕊略短于花瓣，花丝黄色，花药甚小；雌蕊心脏形而略长，顶部中央凹陷，花柱淡黄绿色，自雌蕊群的中央凹陷处长出，长不超过2mm；蓇葖果，顶部呈口状凹陷并开裂，2室；种子长约1.5mm，厚约1mm。

物候期	花果期5～8月。	生境	生于海拔200～800m山坡较温暖、湿润的地方。
分布	我国主要分布于湖北、四川、重庆、贵州等省区。在重庆，分布于武隆、南川、彭水等地。在彭水，分布于汉葭街道亭子村。		
保护利用现状	中国特有植物，《中国生物多样性红色名录——高等植物卷》（2020）评为“EN（濒危）”，主要采用原地保护。		
应用价值	全草入药，具有解表、止呕、健脾、消积行水、消肿、定喘之功效。用于风寒感冒、咳嗽痰饮、脾虚泄泻、呕逆、呕吐、水肿、风水、皮水、食积病及蛇虫咬伤。		

苦木 ***Picrasma quassioides*** **(D. Don) Benn.**

苦木科 Simaroubaceae　　苦木属 *Picrasma*

【形态特征】 落叶乔木；树皮紫褐色，平滑。复叶长15～30cm，小叶9～15，卵状披针形或宽卵形，具不整齐粗锯齿，先端渐尖，基部楔形，上面无毛，下面幼时沿中脉和侧脉有柔毛，后无毛；托叶披针形，早落。雌雄异株，复聚伞花序腋生，花序轴密被黄褐色微柔毛。萼片（4～）5，卵形或长卵形，被黄褐色微柔毛；花瓣与萼片同数，卵形或宽卵形：雄花雄蕊长为花瓣2倍，与萼片对生，雌花雄蕊短于花瓣；花盘4～5裂；心皮2～5，分离。核果蓝绿色，长6～8mm，萼片宿存。

物候期	花期4～5月，果期6～9月。	生　境	生于海拔400～1800m山地林中。
分　布	我国主要分布于黄河流域及其以南各省区。在重庆，分布于彭水、酉阳、南川、巴南、南岸等地。在彭水，分布于郁山镇大坝村。		
应用价值	根和叶入药，具有抗菌消炎、祛湿解毒之功效。用于感冒、急性扁桃体炎、咽喉炎、肠炎、细菌性痢疾、湿疹、疮疖、毒蛇咬伤。		

楝 *Melia azedarach* L.

楝科 Meliaceae 楝属 *Melia*

【形态特征】落叶乔木，高达30m，胸径1m。二至三回奇数羽状复叶，长20～40cm；小叶卵形、椭圆形或披针形，长3～7cm，宽2～3cm，先端渐尖，基部楔形或圆，具钝齿，幼时被星状毛，后脱落，侧脉12～16对。圆锥花序与叶近等长，无毛或幼时被毛。花芳香；花萼5深裂，裂片卵形或长圆状卵形；花瓣淡紫色，倒卵状匙形，长约1cm，两面均被毛；花丝筒紫色，长7～8mm，具10窄裂片，每裂片2～3齿裂，花药10，着生于裂片内侧；子房5～6室。核果球形或椭圆形，长1～2cm，径0.8～1.5cm。

物候期	花期4～5月，果期10～11月。
生境	生于低海拔旷野、路边或疏林中；已广为栽培。
分布	我国主要分布于黄河以南各省区。重庆全市均有分布。在彭水，分布于朗溪乡。
应用价值	是优良的园林绿化树种，适宜作庭荫树和行道树，是良好的城市及矿区绿化树种。可作为家具、建筑、农具、舟车、乐器等的良好用材。

红椿 *Toona ciliata* M. Roem.

楝科 Meliaceae　　香椿属 *Toona*

【形态特征】大乔木，高可达20m；小枝初时被柔毛，渐变无毛，有稀疏的苍白色皮孔。叶为偶数或奇数羽状复叶，长25～40cm，通常有小叶7～8对；叶柄长约为叶长的1/4，圆柱形；小叶对生或近对生，纸质，长圆状卵形或披针形，长8～15cm，宽2.5～6cm，先端尾状渐尖，基部一侧圆形，另一侧楔形，不等边，边全缘，两面均无毛或仅于背面脉腋内有毛，侧脉每边12～18条，背面凸起；小叶柄长5～13mm。圆锥花序顶生，约与叶等长或稍短，被短硬毛或近无毛；花长约5mm，具短花梗，长1～2mm；花萼短，5裂，裂片钝，被微柔毛及睫毛；花瓣5，白色，长圆形，长4～5mm，先端钝或具短尖，无毛或被微柔毛，边缘具睫毛；雄蕊5，约与花瓣等长，花丝被疏柔毛，花药椭圆形；花盘与子房等长，被粗毛；子房密被长硬毛，每室有胚珠8～10颗，花柱无毛，柱头盘状，有5条细纹。蒴果长椭圆形，木质，干后紫褐色，有苍白色皮孔，长2～3.5cm；种子两端具翅，翅扁平，膜质。

物候期	花期4～6月，果期10～12月。	生境	生于低海拔沟谷林中或山坡疏林中。
分布	我国主要分布于福建、湖南、广东、广西、四川、重庆、云南等省区。在重庆，分布于南川、彭水等地。在彭水，分布于朗溪乡马头村。		
保护利用现状	国家二级重点保护野生植物，主要采用原地保护。		
应用价值	红椿是优良的园林绿化树种，可作建筑、车辆、高级家具、胶合板的贴面板等用材。树皮含鞣质，可作栲胶原料。		

莓叶碎米荠 *Cardamine fragariifolia* O. E. Schulz

十字花科 Brassicaceae　　碎米荠属 *Cardamine*

【形态特征】多年生草本；高50～100cm；根状茎匍匐，短粗；茎多数，直立，上部呈圆锥状分枝，肉质，直径3～6mm，稍弧曲，匍匐枝状；茎生叶疏生，在匍匐枝上的具3小叶，在下部的具5小叶，顶端的为单叶；小叶卵状菱形，顶生小叶长4～6cm，侧生的长4～5.5cm，顶端渐尖，基部楔形成翅状，边缘有不整齐钝齿，具小短尖，两面有短硬毛，下面较多；叶柄长2.5～3.5cm，宽2～3mm，翅状；小叶柄长5～10mm，翅状；总状花序顶生，长达10cm；苞片叶状，早落；花梗直立开展，长3～9mm；花白色，径3～4mm；萼片椭圆形，长3～4mm；花瓣宽倒卵状楔形，长6～8mm，顶端微缺；短角果长圆形，长4～5mm，果瓣两侧隆起，网脉鲜明；花柱粗，长约1mm；花梗长6～10mm；种子2，长圆形，长1～1.5mm，黑褐色。

分　布

我国主要分布于浙江、湖南、重庆、江西、广东、广西、贵州、云南。在重庆，分布于奉节、石柱、南川、彭水等地。在彭水，各乡镇均有分布。

青皮木 *Schoepfia jasminodora* Siebold & Zucc.

青皮木科 Schoepfiaceae　　青皮木属 *Schoepfia*

【形态特征】小乔木，高3～10m。叶纸质，卵形或卵状披针形，长4～7cm，宽2～4cm，顶端渐尖或近尾尖，基部圆形或截形，全缘，无毛；具短叶柄。聚伞状总状花序腋生，长2.5～5cm，通常具2～4花；花无柄；花萼杯状，贴生子房，宿存；花冠白色或淡黄色，钟形，长5～7mm，宽3～4mm，顶端4～5裂，裂片小，向外折，内面近花药处生一束丝状体；雄蕊与花冠裂片同数，无退化雄蕊；子房半下位，柱头3裂，常伸出于花冠外。核果椭圆形，长约1cm，直径6mm，成熟时紫黑色。

生　　境	生于海拔500～1500m的疏林中。
分　　布	我国主要分布于秦岭以南至西南东部、华东各省区。在重庆，分布于奉节、南川、彭水等地。在彭水，分布于润溪乡。
应用价值	全株入药，具散瘀、消肿止痛之功效。用于急性风湿性关节炎、跌打肿痛。

喜树 *Camptotheca acuminata* Decne.

蓝果树科 Nyssaceae　　喜树属 *Camptotheca*

【形态特征】落叶乔木，高可超过20m；树皮灰色，浅纵裂。小枝皮孔长圆形或圆形，幼枝被灰色微柔毛。叶互生，长圆形或椭圆形，长12～28cm，宽6～12cm，先端短尖，基部圆或宽楔形，全缘，幼时上面脉上被柔毛，下面疏生柔毛，侧脉11～15对；叶柄长1.5～3cm，幼时被微柔毛。花杂性同株；头状花序生于枝顶及上部叶腋，常2～6（～9）个组成复花序，雌花序位上部，雄花序位下部，花序梗长4～6cm，幼时被微柔毛；苞片3，卵状三角形，长2.5～3mm。花无梗；花萼杯状，齿状5裂，具缘毛；花瓣5，卵状长圆形，长2mm，雄蕊10，外轮长于花瓣，内轮较短，花药4室；子房下位，1室，胚珠下垂，花柱长约4mm，顶端2(～3）裂。头状果序具瘦果15～20，瘦果长2～2.5cm，顶端具宿存花盘，无果柄。种子1，子叶较薄，胚根圆筒状。

物候期	花期5～7月，果期9月。	生境	生于海拔1000m以下林缘或溪边。
分布	我国主要分布于江苏、浙江、福建、江西、湖北、湖南、四川、重庆、贵州、广东、广西、云南等省区。在重庆，分布于万州、涪陵、南川、南岸、北碚、江津、彭水等地。在彭水，各乡镇均有分布。		
应用价值	树干通直，速生，有“千丈树”之称，材质细密，冠幅较大，宜造林及作行道树。根可提制喜树碱作药用。全株有抗癌、散结、清热、杀菌的功能，用于治疗癌症、白血病、血吸虫病肝脾肿大，外治牛皮癣。		

常山 *Dichroa febrifuga* Lour.

绣球科 Hydrangeaceae　　常山属 *Dichroa*

【形态特征】灌木，高1～2m；小枝、叶柄和叶脉被皱卷柔毛。叶椭圆形、倒卵形、椭圆状长圆形或披针形，长6～25cm，宽2～10cm，先端渐尖，基部楔形，具锯齿，稀波状，两面绿色或下面紫色，无毛或叶脉被皱卷柔毛，稀下面散生长柔毛，侧脉8～10对；叶柄长1.5～5cm。伞房状圆锥花序，径3～20cm。花蕾倒卵形，花白色或蓝色；花梗长3～5mm；花萼裂片宽三角形，花瓣长圆状椭圆形，稍肉质，花后反折；雄蕊10～20，一半与花瓣对生，花丝初与花瓣合生，后分离，花药椭圆形；花柱4（～6），棒形，柱头长圆形，子房3/4下位。浆果径3～7mm，蓝色，干后黑色。种子长约1mm。

物候期	花期2～4月，果期5～8月。	生　境	生于海拔200～2000m阴湿林中。
分　布	我国主要分布于陕西、甘肃、江苏、安徽、浙江、江西、福建、台湾、湖北、湖南、广东、广西、四川、重庆、贵州、云南和西藏等省区。重庆全市均有分布。在彭水，各乡镇均有分布。		
应用价值	根、枝叶入药，具有截疟、解热、催吐、祛痰之功效。用于疟疾、痰饮、感冒、停积、胸胁胀满、伤寒寒热、狂躁、癫痫、惊厥。		

蜡莲绣球 *Hydrangea strigosa* Rehder

绣球科 Hydrangeaceae　绣球属 *Hydrangea*

【形态特征】灌木，高达3m。小枝与叶柄、花序密被糙伏毛。叶纸质，长圆形、卵状披针形、倒披针形或长卵形，长8～28cm，先端渐尖，基部楔形或钝圆，有锯齿，干后上面黑褐色；上面被糙伏毛，下面密被颗粒状腺体及糙伏毛，侧脉7～10对；叶柄长1～7cm。伞房状聚伞花序径达28cm，分枝扩展。不育花萼片4～5，宽卵形或近圆形，全缘或具数齿；孕性花淡紫红色，萼筒钟状，长约2mm，萼齿三角形，长约0.5mm；花瓣分离，长卵形，长2～2.5mm；雄蕊不等长；子房下位，花柱2，果时长约2mm。蒴果坛状，不连花柱长宽均3～3.5mm，顶端平截。种子褐色，宽椭圆形，两端具短翅。

物候期	花期7～8月，果期11～12月。
生　境	生于海拔500～1800m山谷密林、山坡疏林或灌丛中。
分　布	我国主要分布于陕南、西南东部及华中南部等省区。重庆全市均有分布。在彭水，各乡镇均有分布。
应用价值	根、叶入药，具有消食积、涤痰结、解热毒、截疟退热、利水渗湿之功效。用于瘰疬、疟疾、疥癣、食积不化、胸腹胀满、咳嗽痰喘、小便不利、排尿困难、脚气浮肿。

八角枫 *Alangium chinense* (Lour.) Harms

山茱萸科 Cornaceae　八角枫属 *Alangium*

【形态特征】落叶乔木或灌木，高3～5（～15）m。小枝微呈“之”字形，无毛或被疏柔毛。叶近圆形或卵形，长13～19（～26）cm，3～7裂或不裂，全缘或微波状，先端渐尖或急尖，基部两侧常不对称，斜截形或斜心形；不定芽长出的叶常5（～7）裂，基部心形，下面脉腋被簇毛，侧脉3～4对，基出掌状脉3～5（～7）对，叶柄长2.5～3.5cm，无毛。聚伞花序腋生，具7～30（～50）花；花序梗及花序分枝均无毛。花萼具齿状萼片6～8；花瓣与萼齿同数，线形，长1～1.5cm，白色或黄色；雄蕊与瓣同数而近等长，花丝被短柔毛，微扁，长2～3mm，花药长6～8mm，药隔无毛；子房2室，花柱无毛或疏生短柔毛，柱头头状，常2～4裂；花盘近球形。核果近圆形或卵圆形，长5～7mm，顶端宿存萼齿及花盘。

生　境	生于海拔1800m以下疏林中。
分　布	我国主要分布于华中、华东至西南各省区。重庆全市均有分布。在彭水，各乡镇均有分布。
应用价值	根部发达，适宜于山坡地段造林，作为绿化树种也很好。根、茎均可入药，根称为“白龙须”，茎名为“白龙条”，有祛风除湿、舒筋活络、散瘀痛的功能。树皮纤维可编绳索。木材可作家具及天花板板材。

灯台树 *Cornus controversa* Hemsl.

山茱萸科 Cornaceae　　山茱萸属 *Cornus*

【形态特征】落叶乔木，高达15（～20）m。小枝紫红色，微被毛，皮孔及叶痕显著。叶纸质，互生，宽椭圆形或卵状椭圆形，长5～14cm，先端急尖，基部圆或宽楔形，全缘，下面密被白色短柔毛，侧脉6～7（～8）对，弧形上升；叶柄紫红色，长2～6cm，近无毛。顶生伞房状聚伞花序长约15cm，微被伏生柔毛；总花梗长3～4cm，稀被伏生柔毛。花白色，径约8mm；花萼具三角状裂片4，外侧被短柔毛，高于花盘；花瓣4，长圆状披针形，长4～4.5mm，先端钝尖，外侧疏被伏生短柔毛；雄蕊4，长4～4.5mm，伸出花外，花丝线形，花药长圆形；花盘垫状；花柱长2～3mm，柱头头状，较小；花托长圆形，密被灰白色伏生短柔毛；花梗长3～6mm，被伏生白色短柔毛。核果圆球形，径6～7mm，成熟时紫红色或蓝黑色；核的顶端具1方形小孔。

物候期	花期5～6月，果期7～10月。
生境	生于海拔250～1800m的常绿阔叶林或针阔叶混交林中。
分布	我国主要分布于辽宁、河北、陕西、甘肃、山东、重庆、安徽、台湾、河南、广东、广西以及长江以南各省区。在重庆，分布于垫江、涪陵、武隆、彭水、黔江、酉阳、秀山、南川、璧山、大足、江津、铜梁等地。在彭水，各乡镇均有分布。
应用价值	常作行道树，或在公园栽培观赏，是重要的园林绿化和环境美化树种；其根、皮、叶可入药。树皮、种子能治高血脂症；叶有消毒止痛的功效。

山地凤仙花 *Impatiens monticola* Hook. f.

凤仙花科 Balsaminaceae 凤仙花属 *Impatiens*

【形态特征】一年生多汁草本；高30～60cm，全株无毛；茎粗壮，不分枝，常裸露或有分枝，小枝肉质；叶互生，具长柄，膜质，卵状椭圆形或倒卵形，顶端渐尖，长5～13cm，宽3～4.5cm，基部楔状狭成长3～4cm的叶柄，边缘具圆齿状齿或圆齿状锯齿，齿间具稀刚毛，侧脉5～7对，上面绿色，被短硬毛，下面灰绿色，无毛；总花梗生于上部叶腋，长于叶柄，长2～3（～4）cm，较粗，具2花，结果时伸长；花梗长1～2cm，下部的在基部或上部的在较上部具苞片；苞片绿色，草质，披针形或卵状披针形，长3～5mm，宿存；蒴果长纺锤形，长2～2.5cm，直立，具短柄，长喙尖；种子多数，长圆形，长2～3mm，黄褐色，平滑。

生　境	生于海拔900～1800m林缘阴湿处或路边石缝中。
分　布	我国主要分布于四川、重庆等省区。在重庆，分布于南川、武隆、綦江、涪陵、彭水等地。在彭水，分布于大垭乡龙龟村。
应用价值	茎、叶入药，具有清热解毒、散瘀消肿、清凉之功效。用于跌打损伤、疮痈肿毒、热疮。

乌柿 *Diospyros cathayensis* Steward

柿科 Ebenaceae　　柿属 *Diospyros*

【形态特征】常绿或半常绿小乔木，高约10m；有枝刺。小枝被柔毛。冬芽被微柔毛。叶薄革质，长圆状披针形，长4～9cm，上面亮绿色，下面淡绿色，嫩时被柔毛，中脉在上面稍凸起，有微柔毛，侧脉5～8对；叶柄长2～4mm，被微柔毛。雄花成聚伞花序，花序梗长0.7～1.2cm，密生粗毛，稀单生；花梗长3～6mm，密生粗毛；花萼4深裂，裂片三角形，长2～3mm，两面密被柔毛；花冠壶状，长5～7mm，两面有柔毛，4裂，裂片宽卵形，反曲。雌花单朵腋外生，白色，芳香；花梗纤细，长2～4cm；花萼4深裂，裂片卵形，长约1cm，被短柔毛；花冠较花萼短，壶状，有柔毛，4裂，裂片覆瓦状排列，近三角形，反曲，退化雄蕊6，花丝有柔毛；子房球形，被长柔毛，6室，每室1胚珠，花柱无毛，柱头6浅裂，突出花冠外。果球形，径1.5～3cm，成熟时黄色，无毛；宿存花萼4深裂，裂片卵形，长1.2～1.8cm，有纵脉9；果柄长3～4（～6）cm。种子褐色，长椭圆形，长约2cm，侧扁。

物候期	花期4～5月，果期8～10月。	生境	生于海拔600～1500m河谷、山地或山谷林中。
分布	我国主要分布于四川、重庆、湖北、云南、贵州、湖南、安徽等省区。在重庆，分布于丰都、潼南、彭水、巴南、北碚、大足等地。在彭水，分布于诸佛乡复兴村。		
保护利用现状	彭水县诸佛乡复兴村有9棵古树，极为罕见，现已挂牌保护。		
应用价值	果实含有丰富的营养物质，其中维生素、矿质元素、碳水化合物等物质含量较高，具有预防心血管疾病、化痰润肺、控制血压等保健作用。在重庆以园林绿化为主。		

朱砂根 *Ardisia crenata* Sims

报春花科 Primulaceae　　紫金牛属 *Ardisia*

【形态特征】灌木。茎无毛，无分枝。叶革质或坚纸质，椭圆形、椭圆状披针形或倒披针形，长7～15cm，宽2～4cm，具边缘腺点，下面绿色，有时具鳞片；叶柄长约1cm。伞形或聚伞花序，花枝近顶端常具2～3叶，或无叶，长4～16cm。花梗绿色，长0.7～1cm；花长4～6mm，萼片绿色，长约1.5mm，具腺点。果径6～8mm，鲜红色，具腺点。

物候期	花期5～6月，果期10～12月。	生境	生于海拔200～1800m林下阴湿灌丛中。
分布	我国主要分布于藏东南部至台湾，湖北至海南等地区。在重庆，分布于城口、奉节、南川、彭水等地。在彭水，分布于绍庆街道阿依河。		
应用价值	灌木，果实繁多，鲜红艳丽，与绿叶相映成趣，具有极大的观赏价值；根、叶可祛风除湿、散瘀止痛、通经活络，治跌打风湿、消化不良、咽喉炎及月经不调。果可食可榨油，亦可供制肥皂。		

细梗香草 *Lysimachia capillipes* Hemsl.

报春花科 Primulaceae　　珍珠菜属 *Lysimachia*

【形态特征】多年生草本，高40～60cm，干后有浓香。茎具棱或有窄翅。叶互生，叶柄长2～8mm；叶卵形或卵状披针形，长1.5～7cm，基部短渐窄或钝，稀近圆或平截，先端尖或渐尖，无毛或上面疏被小刚毛。花单生叶腋。花梗长1.5～3.5cm；花萼裂片卵形或披针形，长2～4mm，先端渐尖或钻形；花冠黄色，长6～8mm，深裂，裂片窄长圆形或线形，长5～7mm，先端钝；花丝基部合生成高约0.5mm的环，分离部分长约1.3mm，花药长3.5～4mm，基着，顶孔开裂。蒴果径3～4mm，瓣裂。

物候期	花期6～7月，果期8～10月。	生　境	生于海拔300～2000m山谷林下或溪边。
分　布	我国主要分布于四川、重庆、贵州、湖南、湖北、河南南部、广东北部及华东中南部各省区。在重庆，分布于忠县、丰都、垫江、涪陵、石柱、黔江、彭水、南川、巴南、合川、大足、璧山、铜梁等地。在彭水，分布于绍庆街道阿依河。		
应用价值	全草入药，具有祛风除湿、化痰止咳、调经、止痛、补虚、驱蛔之功效。用于流行性感冒、气管炎咳喘、风湿痹痛、腰膝酸软、月经不调、肾虚、神经衰弱、胃痛、脘腹挛急作痛。		

鄂报春 *Primula obconica* Hance

报春花科 Primulaceae　　报春花属 *Primula*

【形态特征】多年生草本，全株被柔毛。叶丛生；叶柄长3～14cm，叶卵圆形、椭圆形或长圆形，长3～14（～17）cm，宽2.5～11cm，基部心形或圆，全缘、具小牙齿或浅波状，两面被柔毛，羽状脉；叶柄被褐色长柔毛。花葶高6～28cm，被褐色长柔毛；伞形花序2～13花。花梗长0.5～2（～2.5）cm；花萼杯状或宽钟状，长0.5～1cm，具5脉，裂片长0.5～2mm，宽三角形或半圆形；花冠玫瑰红色，稀白色，冠筒长是花萼的0.5～1倍，冠檐径1.5～2.5cm，裂片倒卵形，先端2裂。蒴果球形，径约3.5cm。

物候期	花期3～6月。	生　境	生于海拔500～2200m林下、沟边或湿润岩缝中。
分　布	我国主要分布于云南、四川、重庆、贵州、湖北、湖南、广西、广东和江西等省区。在重庆，分布于云阳、忠县、石柱、秀山、南川、江津、彭水等地。在彭水，分布于联合乡龙池村。		
应用价值	根入药，解酒毒、治腹痛。		

毛茛叶报春 *Primula ranunculoides* F. H. Chen

报春花科 Primulaceae　　报春花属 *Primula*

【形态特征】多年生柔弱草本，全株无毛。叶丛生；叶柄长0.6～2cm，叶椭圆形或长圆形，长1～8cm，宽1～2cm，羽状全裂，羽片（1～）2～6对，椭圆形或长圆形，长0.3～1.3cm，每边具2～4粗齿或缺刻。花葶细弱，高1～5cm；伞形花序（1～）2～4花。花梗长0.7～3cm；花萼钟状，长3～4.5mm，分裂达中部以下，裂片披针形，先端锐尖或稍钝；花冠淡红色或淡蓝紫色，冠筒长4.5～6.5mm，冠檐径4～8mm，裂片楔状长圆形，先端近平截或微凹缺。蒴果近球形，径约2.5mm。

物候期	花期3～4月，果期4～5月。	生境	生于山谷林下阴湿地常有滴水的岩缝中。
分布	我国主要分布于安徽南部、浙江、江西、重庆、湖南、湖北等省区。在重庆，分布于武隆、黔江、彭水等地。在彭水，分布于联合乡龙池村。		
应用价值	全草入药，用于毒蛇咬伤。		

小花木荷 *Schima parviflora* W. C. Cheng & Hung T. Chang ex Hung T. Chang

山茶科 Theaceae　　木荷属 *Schima*

【形态特征】乔木。幼枝细，被柔毛。叶薄革质，窄长圆形或长圆状披针形，长8～13cm，宽2～3cm，先端渐尖，基部楔形，上面干后稍有光泽，下面被柔毛，侧脉7～9对，具锯齿；叶柄细，长0.8～1.5cm，被柔毛。花白色，径2cm，4～8朵生枝顶叶腋，成总状花序状。花梗细，长1～1.5cm，被柔毛；苞片2，早落，长圆形，长0.7～1cm；萼片宽卵形，长2mm，先端圆，被毛；花瓣倒卵形，长1～1.5cm，被毛；雄蕊长5～7mm；子房5室，被毛，花柱短。蒴果近球形，长1～1.2cm。

物候期	花期6～8月。	生境	生于山区常绿阔叶林中。
分布	我国主要分布于湖南、四川、重庆、贵州及西藏等省区。在重庆，分布于巫溪、南川、彭水等地。在彭水，分布于三义乡。		
应用价值	小花木荷是荒山造林先锋树种之一，其涵养水源、改良土壤和林带防火效果显著。		

中华猕猴桃 *Actinidia chinensis* Planch.

猕猴桃科 Actinidiaceae　　猕猴桃属 *Actinidia*

【形态特征】落叶藤本。幼枝被灰白色茸毛、褐色长硬毛或锈色硬刺毛，后脱落无毛；髓心白色至淡褐色，片层状。芽鳞密被褐色茸毛。叶纸质，营养枝之叶宽卵圆形或椭圆形，先端短渐尖或骤尖；花枝之叶近圆形，先端钝圆、微凹或平截；叶长6～17cm，宽7～15cm，基部楔状稍圆、平截至浅心形，具睫状细齿，上面无毛或中脉及侧脉疏被毛，下面密被灰白色或淡褐色星状茸毛；叶柄长3～6（～12.7）cm，被灰白色或黄褐色毛。聚伞花序1～3花，花序梗长0.7～1.5cm。苞片卵形或钻形，长约1mm，被灰白色或黄褐色茸毛；花初白色，后橙黄色，径1.8～3.5cm；花梗长0.9～1.5cm；萼片（3～）5（～7），宽卵形或卵状长圆形，长0.6～1cm，密被平伏黄褐色茸毛；花瓣（3～）5（～7），宽倒卵形，具短距，长1～2cm；花药长1.5～2mm；子房密被黄色茸毛或糙毛。果黄褐色，近球形，长4～6cm，被灰白色茸毛，易脱落，具淡褐色斑点，宿萼反折。染色体$2n$=58。

生　境	生于海拔200～600m山地林内、灌丛中。
分　布	我国主要分布于陕西、湖北、湖南、河南、安徽、江苏、重庆、浙江、江西、福建、广东和广西等省区。在重庆，分布于万州、丰都、垫江、涪陵、武隆、黔江、彭水、秀山、南川、合川等地。在彭水，分布于靛水街道摩围山。
保护利用现状	中国特有植物，国家二级重点保护野生植物，重庆市市级保护植物，主要采用原地保护。
应用价值	著名水果，已广为引种栽培，富含维生素C等营养成分，可作食品加工原料；猕猴桃属中果实最大的一种，是本属中经济意义最大的一种；花艳美，生长势旺，繁殖易，为园林中常见的棚架绿化植物。

革叶猕猴桃 *Actinidia rubricaulis* var. *coriacea* (Finet & Gagnep.) C. F. Liang

猕猴桃科 Actinidiaceae　　猕猴桃属 *Actinidia*

【形态特征】半常绿藤本；除子房外，其余部分无毛。髓实心，灰白色。叶革质，倒披针形，长7～12cm，先端骤尖，近先端无粗齿，上部具粗齿；叶柄长1～3cm。花单生，红色，径约1cm。萼片4～5，卵圆形或长圆状卵形，长4～5mm；花瓣5，倒卵形，长5～6mm；花丝粗短，花药长1.5～2mm；子房长约2mm。果暗绿色，卵圆形或柱状卵圆形，长1～1.5cm，幼时被茸毛，后无毛，无喙，具斑点，具宿萼。

生　境	生于海拔600m以上山地林中。
分　布	我国主要分布于四川、重庆、贵州、云南、广西、湖南、湖北等省区。在重庆，分布于奉节、武隆、南川、合川、大足、江津、璧山、铜梁、永川、彭水、荣昌等地。在彭水，分布于棣棠乡四合村。
应用价值	果实入药，用于抗肿瘤。

马银花 *Rhododendron ovatum* (Lindl.) Planch. ex Maxim.

杜鹃花科 Ericaceae　　杜鹃花属 *Rhododendron*

【形态特征】常绿灌木，高达4m。小枝被短柄腺体和短柔毛。叶革质，宽卵形或卵状椭圆形，长3.5～5cm，先端骤尖或钝，具短尖头，基部圆，上面有光泽，仅沿中脉具短柔毛，下面中脉凸起，无毛，侧脉不明显；叶柄长8mm，具窄翅，被柔毛。花单生枝顶叶腋，有多数鳞片。花梗长0.8～1.8cm，被短柔毛和短柄腺体；花萼5深裂，长5mm，裂片边缘无毛；花冠辐状，淡紫色、紫色或粉红色，具粉红色斑点，外面无毛，筒部被短柔毛；雄蕊5，花丝下部被柔毛；子房卵圆形，密被刚毛，花柱无毛。蒴果长约8mm，被刚毛，宿萼增大包果。

物候期	花期4～5月，果期7～10月。	生　境	生于海拔1000m以下灌丛或林中。
分　布	我国主要分布于浙江、江西、重庆、福建等省区。在重庆，分布于垫江、黔江、酉阳、南川、大足、江津、永川、彭水等地。在彭水，分布于润溪乡。		
应用价值	根入药，具有清热利湿、止咳之功效。用于湿热带下、阴部瘙痒、下黄浊水、咳嗽。水煎外洗治疗疥疮毒。		

杜鹃 *Rhododendron simsii* Planch.

杜鹃花科 Ericaceae 杜鹃花属 *Rhododendron*

【形态特征】落叶灌木，高达2m。枝被亮棕色扁平糙伏毛。叶卵形、椭圆形或卵状椭圆形，长3～5cm，具细齿，两面被糙伏毛；叶柄长2～6mm，被亮棕色糙伏毛。花2～6簇生枝顶。花梗长8mm，被毛；花萼长5mm，5深裂，被糙伏毛和睫毛；花冠漏斗状，长3.5～4cm，玫瑰色、鲜红色或深红色，5裂，裂片上部有深色斑点；雄蕊10，与花冠等长，花丝中下部被糙伏毛；子房密被糙伏毛，10室，花柱无毛。蒴果卵圆形，长约1cm，密被糙伏毛，有宿萼。

物候期	花期4～5月，果期6～8月。	生境	生于海拔500～1200m灌丛或松林下。
分布	我国主要分布于华东、湖南、湖北、广西、广东，以及西南东部地区。在重庆，分布于万州、丰都、武隆、秀山、南川、合川、江津、永川、彭水等地。在彭水，各乡镇均有分布。		
应用价值	杜鹃花享有“花中两方色”的美誉，被誉为“花中西施”，在园林景观构建和园艺品种配置上，具有重要的观赏价值和经济价值。同时，杜鹃属植物也是重要的森林植被组成种类，特别在亚高山及高山植被景观中，是重要的建群种类，在植物群落组成、物种共存及生物多样性维持等方面具有重要作用。在重庆，杜鹃主要应用于园林绿化和生态维护。		

香果树 *Emmenopterys henryi* Oliv.

茜草科 Rubiaceae　　香果树属 *Emmenopterys*

【形态特征】落叶大乔木，高达30m，胸径1m。叶宽椭圆形、宽卵形或卵状椭圆形，长6～30cm，先端短尖或骤渐尖，基部楔形，上面无毛或疏被糙伏毛，下面被柔毛或沿脉被柔毛，或无毛，脉腋常有簇毛，侧脉5～9对；叶柄长2～8cm，托叶三角状卵形，早落。花芳香，花梗长约4mm；萼筒长约4mm，萼裂片近圆形，叶状萼裂片白色、淡红色或淡黄色，纸质或革质，匙状卵形或宽椭圆形，长1.5～8cm，有纵脉数条，柄长1～3cm；花冠漏斗形，白色或黄色，长2～3cm，被黄白色茸毛，裂片近圆形，长约7mm；花丝被茸毛。蒴果长圆状卵形或近纺锤形，长3～5cm，径1～1.5cm，无毛或有柔毛，有纵棱。种子小而有宽翅。

物候期	花期6～8月，果期8～11月。	生　境	生于海拔430～1630m山谷林中。
分　布	我国主要分布于陕西、甘肃、江苏、安徽、浙江、江西、福建、河南、湖北、湖南、广西、四川、重庆、贵州、云南等省区。在重庆，分布于巫溪、巫山、南川、北碚、彭水等地。在彭水，分布于摩围山。		
保护利用现状	中国特有植物，国家二级重点保护野生植物，主要采用原地保护。		
应用价值	树干高耸，花美丽，可作庭园观赏树。树皮纤维柔细，是制蜡纸及人造棉的原料。木材供制家具和建筑用。耐涝，可作固堤植物。		

白花龙船花 *Ixora henryi* H. Lév.

茜草科 Rubiaceae 龙船花属 *Ixora*

【形态特征】灌木；无毛。叶纸质，长圆形、披针形或近椭圆形，长4～15cm，宽1～4cm，先端渐尖，基部楔形，侧脉7～8对，稍明显；叶柄长3～7mm，托叶长0.7～1.5cm，基部宽，上部长尖。3歧伞房聚伞花序，长6～8cm，有苞片和小苞片，花序梗长0.5～1.5cm。花梗长1～2.5mm，萼筒长1.8～2mm，萼裂片长约1mm；花冠白色或粉红色，冠筒2.5～3cm，裂片长5～6mm；花药伸出。果近球形，径约1cm，萼裂片宿存。

物候期	花期8～12月。	生境	生于海拔500～2000m山地林中、林缘或溪旁。
分布	我国主要分布于广东、海南、广西、重庆、贵州、云南等省区。在重庆，分布于万盛、彭水等地。在彭水，分布于绍庆街道阿依河。		
应用价值	全株入药，具有清热解毒、消肿止痛、接骨之功效。用于肝炎、痈疮肿毒、骨折。		

密脉木 *Myrioneuron faberi* Hemsl.

茜草科 Rubiaceae　　密脉木属 *Myrioneuron*

【形态特征】矮灌木，近无毛；枝近四棱形，老时有海绵质的表皮。叶膜质，对生，披针形、倒披针形或倒卵状矩圆形，长10～20cm，顶端稍尖，基部渐狭，下面沿脉上被粉末状柔毛，侧脉10～14对；叶柄长1～2.5cm；托叶矩圆形，长12mm，具脉纹。花序顶生，为稠密、具苞片的丛生花序；苞片叶状，比花长；花5数，具短梗；萼筒卵形，长1.5～2mm，裂片延伸成钻形，长约10mm；花冠黄色，长约14mm，裂片长约2mm；雄蕊二型，着生于花冠筒基部或喉部。浆果白色，球形，直径6mm，有宿存萼裂片。

物候期	花期夏季。	生　境	生于林下或灌丛中。
分　布	我国主要分布于四川、重庆、贵州、广西、湖南、湖北、云南等省区。在重庆，分布于涪陵、武隆、黔江、彭水、酉阳、南川、巴南、綦江、大足、江津、铜梁等地。在彭水，分布于绍庆街道阿依河。		
应用价值	全株入药，用于跌打损伤。		

彭水螺序草 *Spiradiclis pengshuiensis* B. Pan & R. J. Wang

茜草科 Rubiaceae　　螺序草属 *Spiradiclis*

【形态特征】多年生草本，高4～9cm，植株表面密被短柔毛；茎直立或在基部的节上生根；节间长2～15mm。叶对生，纸质，卵形，长7～15mm，宽5～15mm，基部楔形或宽楔形，不对称，下延，先端钝或圆形；叶柄长 7～12mm，托叶线形，长0.9～1.2mm。聚伞花序，1～7（～12）花，但只有 1～3 花同时开放；花序梗长 1～2.1cm；苞片和小苞片线形，长1～2mm。花管状，高脚碟形，正面白色，背面带粉红色至白色，两面被短柔毛；管长9～15mm，裂片4或5，椭圆形，长5～7.5mm，宽 2.5～3.5mm。雄蕊5，长柱花雄蕊生于花冠筒近基部，花柱长9～12mm；短柱花雄蕊生于管的中部，花柱长约5mm。蒴果近球形，直径3～5mm，具宿存的花萼裂片。

生　境	生于沟边石壁上。
分　布	彭水特有植物。在彭水，分布于绍庆街道阿依河。

红花龙胆 *Gentiana rhodantha* Franch.

龙胆科 Gentianaceae　龙胆属 *Gentiana*

【形态特征】多年生草本，高达50cm。茎单生或丛生，上部多分枝。基生叶莲座状，椭圆形、倒卵形或卵形，长2～4cm；茎生叶宽卵形或卵状三角形，长1～3cm。花单生茎顶。无花梗；花萼膜质，萼筒长0.7～1.3cm，脉稍突起成窄翅，裂片线状披针形，长0.5～1cm，边缘有时疏被睫毛；花冠淡红色，上部具紫色纵纹，筒状，长3～4.5cm，裂片卵形或卵状三角形，长5～9mm，褶偏斜，宽三角形，宽4～5mm，顶端具细长流苏；雄蕊顶端一侧下弯；花柱长约6mm。蒴果长椭圆形，长2～2.5cm。种子具网纹及翅。

物候期	花果期10月至翌年2月。	生　境	生于海拔570～1750m灌丛中、草地及林下。
分　布	我国主要分布于四川、重庆、贵州、广西、湖南、湖北、云南、甘肃、陕西、河南等省区。在重庆，分布于城口、巫溪、巫山、奉节、垫江、涪陵、武隆、彭水、南川、綦江、巴南、璧山、大足、合川、潼南等地。在彭水，分布于朗溪乡。		
应用价值	全草入药，具有清热利湿、消炎止咳、利胆、除淋、凉血解毒之功效。用于热咳劳咳、痰中带血、气管炎、支气管哮喘、小儿肺炎、肺结核、淋巴结结核、眼结膜炎、黄疸型肝炎、痢疾、胃痛、便血、血尿、尿路感染、小儿惊风、疳积、疮疡疔毒、烧烫伤。		

正宇度量草 *Mitreola liui* X. L. Du & Z. J. Mu

马钱科 Loganiaceae　　度量草属 *Mitreola*

【形态特征】多年生草本，高达12cm，植株除花和果实外具长柔毛。茎基部通常分枝。叶片纸质，长椭圆形至倒披针形，长1.5～10.5cm，宽0.5～3.8cm，先端渐尖，基部楔形，全缘，侧脉8～10对，上面凹陷，下面增生，叶柄长 0.5～1.5cm，托叶钻形，长约1mm 。二歧聚伞花序顶生，花序梗长可达8cm，通常10朵花以上；苞片及小苞片长1～3mm。花冠白色，花冠筒长约 4mm，5裂，裂片宽卵形，除花冠筒喉部具一圈长毛环外，其余无毛；雄蕊5，着生于花冠筒基部；花柱长约1mm，基部分离，柱头头状。蒴果卵形，顶端具呈近直角的两尖角。

物候期	花期4～5月，果期5～7月。	生　境	生于海拔230～500m沟边石壁上。
分　布	重庆彭水特有植物。在彭水，分布于绍庆街道阿依河。		

醉魂藤 *Heterostemma alatum* Wight

夹竹桃科 Apocynaceae　　醉魂藤属 *Heterostemma*

【形态特征】藤本，长达4m。茎具纵纹及2列柔毛，老时近无毛。叶宽卵形或长圆状卵形，长8～15cm，基部圆或宽楔形，幼时两面被微柔毛，下面脉上毛密，老时渐无毛；基脉3～5出，初翅形，后渐平，侧脉3～4对；叶柄长2～5cm，被柔毛。具10～15花，花序梗粗，长2～3cm。花梗长1～1.5cm；花萼内面具5小腺体，裂片卵形，长约1mm；花冠黄色，辐状，被微毛，内面无毛，花冠筒长4～5mm，裂片三角状卵形，长4～5mm；副花冠裂片长舌状，星状开展；花药方形，花粉块近方形，直立；柱头扁平，基部5棱。蓇葖果窄披针状圆柱形，长10～15cm，径0.5～1cm，无毛。种子卵圆形，长约1.5cm，种毛长约3cm。

物候期	花期4～9月，果期6～12月。	生　　境	生于海拔1200m以下山地潮湿处。
分　　布	我国主要分布于四川、重庆、贵州、云南、广西和广东等省区。在重庆，分布于武隆、彭水、南川等地。在彭水，分布于绍庆街道阿依河。		
应用价值	全株入药，具有除湿、解毒、截疟之功效。用于风湿脚气、腿脚麻木、酸痛、软弱无力、挛急肿胀、疟疾、胎毒、瘴气。		

尖山橙 *Melodinus fusiformis* Champ. ex Benth.

夹竹桃科 Apocynaceae　　山橙属 *Melodinus*

【形态特征】粗壮藤本，长8m。幼嫩部分密被细茸毛。叶近革质，椭圆形、长圆形或窄长圆形，长7～15cm，先端渐尖，基部楔形，上面无毛，下面脉被柔毛，侧脉约10对，两面均明显。聚伞花序顶生。花萼裂片卵状长圆形，长约7mm，密被柔毛，先端渐尖；花冠白色，裂片窄椭圆形，长约8mm，花冠筒长约1cm，两面被微柔毛；副花冠鳞片状，不等长；雄蕊着生花冠筒下部的膨大处，花药与花丝等长；柱头扩大成圆柱状。浆果椭圆状纺锤形，长7.5cm。种子窄椭圆形，长约9mm。

物候期	花期5～8月，果期7～12月。	生境	生于海拔500～1500m山地疏林中。
分布	我国主要分布于贵州、四川、重庆等省区。在重庆，分布于奉节、南川、北碚、彭水等地。在彭水，分布于国有林场太原镇管护站。		
应用价值	根入药，具有清热解毒、凉血、补血之功效。用于脾胃虚弱、消化不良、血虚乳少、口舌生疮、牙龈痛。		

石萝藦 *Pentasacme caudata* Wall. ex Wight

夹竹桃科 Apocynaceae　　石萝藦属 *Pentasacme*

【形态特征】多年生草本，高达80cm。全株无毛。叶膜质，线状披针形，长4～16cm，宽0.5～2cm，先端长渐尖，基部楔形，中脉两面凸起，侧脉不明显；叶柄长1～2mm。聚伞花序总状，具4～8花；无花序梗。花梗长0.3～2cm；花萼裂片披针形，长1.5～3mm；花冠白色，花冠筒短，裂片线状披针形，长0.6～1.5cm，宽约2mm；副花冠裂片白色，边缘具齿；花药两侧扁平，花粉块中部与柄相连。蓇葖果双生，圆柱状披针形，长5～7.5cm，径约3mm。种子小，种毛长约1.5cm。

物候期	花期4～10月，果期7～12月。
生　境	生于海拔1300m以下山地疏林、灌丛、溪边及石缝中。
分　布	我国主要分布于湖南、广东、广西、重庆和云南等省区。重庆市新分布。在彭水，分布于绍庆街道阿依河。
应用价值	全株药用，治肝炎、肾炎、结膜炎、喉痛及支气管炎。

粗糠树 *Ehretia dicksonii* Hance

紫草科 Boraginaceae 厚壳树属 *Ehretia*

【形态特征】乔木，高达10m。叶纸质，狭倒卵形或椭圆形，长9～18cm，宽5～10cm，顶端通常短渐尖，基部钝或圆形，偶然浅心形，边缘有小牙齿，上面粗糙，有糙伏毛，下面密生短柔毛。圆锥花序伞房状，有短毛；花萼长约4mm，5裂近中部，有短毛；花冠白色，裂片5，长约3.5mm，筒长约6.5mm；雄蕊5，伸出；花柱2裂。核果黄色，近球形，径约1.5cm。

生境	生于海拔125～2300m山坡疏林及土质肥沃的山脚阴湿处。
分布	我国主要分布于西南、华南、华东、台湾、河南、陕西、甘肃和青海等省区。重庆全市均有分布。在彭水，分布于绍庆街道阿依河。
应用价值	可栽培供观赏。一些地方已将其纳入城市绿化的优良树种。为优良的蜜源植物之一。树皮可入药。

木樨 *Osmanthus fragrans* (Thunb.) Lour.

木樨科 Oleaceae　木樨属 *Osmanthus*

【形态特征】常绿乔木或灌木。小枝无毛。叶椭圆形、长圆形或椭圆状披针形，长7～15cm，宽3～5cm，先端渐尖，基部楔形，全缘或上部具细齿，两面无毛，腺点在两面连成小水泡状突起，叶脉在上面凹下，下面凸起；叶柄长0.8～1.2cm，无毛；花梗细弱，无毛，长0.4～1cm；花极芳香；花萼长约1mm，裂片稍不整齐；花冠黄白色、淡黄色、黄色或橘红色，长3～4mm。花冠筒长0.5～1mm；雄蕊着生花冠筒中部。果斜椭圆形，长1～1.5cm，成熟时紫黑色。

物候期	花期9～10月，果期翌年3～5月。
生境	栽培于宅前屋后或作为行道树。野外自然分布较少，在自然环境下木樨常生长在海拔200～500m的石灰岩岩缝中。
分布	我国原产西南部，现各地广泛栽培。重庆全市均有分布。在彭水，各乡镇均有分布。
应用价值	根或根皮入药，具有祛风湿、散寒、止痛之功效，用于胃痛、牙痛、风湿麻木、腰痛、筋骨疼痛。花入药，具有化痰止咳、散寒破积、散瘀之功效，用于痰饮喘咳、肠风血痢、疝瘕、牙痛、口臭、经闭腹痛。果实入药，具有暖胃平肝、益肾散寒、止痛之功效，用于肝胃气痛、虚寒胃痛。花露（花的蒸馏液）入药，具有疏肝理气、醒脾开胃之功效，用于龈胀牙痛、咽干口燥、口臭。

长柱唇柱苣苔 *Chirita longistyla* W. T. Wang

苦苣苔科 Gesneriaceae　　唇柱苣苔属 *Chirita*

【形态特征】多年生草本；根状茎长约1.8cm，粗8mm；叶约4，均基生，草质，椭圆形，长5.3～11cm，宽2.5～6cm，顶端急尖或短渐尖，基部楔形或宽楔形，边缘有小牙齿，上面被短和长柔毛（毛分别长0.2～0.8mm和1.5～3.8mm），下面密被短柔毛，侧脉每侧约4条；叶柄扁，长0.5～4cm，宽2.5～3cm；花盘环状，高约0.6mm。

物候期	花期8月。	生　境	生于海拔300～800m山谷阴处石上。
分　布	我国主要分布于贵州、湖南、四川、重庆等省区。在重庆，分布于南川、彭水等地。在彭水，分布于绍庆街道阿依河。		
应用价值	花美丽，极具观赏价值。在学术价值上，有人认为该种花紫红色，果实梨形或倒卵形，特征介于月季花与香水月季之间，应是月季花的原始类型而备受关注。		

纤细半蒴苣苔 *Hemiboea gracilis* Franch.

苦苣苔科 Gesneriaceae　　半蒴苣苔属 *Hemiboea*

【形态特征】多年生草本。茎常不分枝，具3～5节，肉质，无毛，散生紫褐色斑点。叶倒卵状披针形、卵状披针形或椭圆状披针形，长3～15cm，全缘或具疏的波状浅钝齿，上面疏生短柔毛，下面绿白色或带紫色，无毛；侧脉每侧4～6；蠕虫状石细胞小量嵌生于维管束附近的基本组织中；叶柄长2～4cm，无毛。聚伞花序假顶生或腋生，具1～3花；花序梗长0.2～1.2cm，无毛；总苞径1～1.4（～2）cm，无毛，开放后呈船形。花梗长2～5mm，无毛；萼片线状披针形至长椭圆状披针形，长5～8mm，无毛；花冠粉红色，具紫色斑点，长3～3.8cm，筒部长2.2～2.8cm，外面疏生腺状短柔毛，上唇长5～8mm，下唇长0.8～1cm，花丝长1.1～1.2cm，花药长圆形，长（1.1～）1.7～2.5mm，顶端相连；退化雄蕊2；雌蕊长2～2.5cm，无毛，子房线形，柱头头状。蒴果长1.7～2.5cm，无毛。

物候期	花期8～10月，果期10～11月。	生　境	生于海拔300～1300m山谷阴处石上。
分　布	我国主要分布于江西、湖北、湖南、四川、重庆、贵州等省区。在重庆，分布于城口、巫溪、武隆、黔江、彭水、酉阳、秀山、南川、大足等地。在彭水，分布于太原镇高桥村。		
应用价值	全草入药，用于疔疮肿毒、烫伤。		

厚叶蛛毛苣苔 *Paraboea crassifolia* (Hemsl.) B. L. Burtt

苦苣苔科 Gesneriaceae 蛛毛苣苔属 *Paraboea*

【形态特征】多年生无茎草本。叶基生，近无柄，厚而肉质，窄倒卵形或倒卵状匙形，长3.5～9cm，边缘向上反卷，具不整齐锯齿，上面被灰白色绵毛，下面被淡褐色蛛丝状绵毛。聚伞花序伞状，2～4条，每花序具4～12花；花序梗长8～12cm，初被淡褐色蛛丝状绵毛；苞片钻形，长2～3mm，被淡褐色蛛丝状绵毛。花萼裂片窄形，长约2mm，外面被淡褐色短茸毛；花冠紫色，长1～1.4cm，筒部长6～7mm，上唇与下唇裂片相等，长3～4mm；花丝长5.5～7mm，无毛，上部稍膨大，呈直角弯曲，子房长圆形，长3～4mm，花柱长5.5～6mm。

物候期	花期6～7月。	生境	生于海拔200～700m山地石崖上。
分布	我国主要分布于湖北、四川、重庆、贵州等省区。在重庆，分布于万州、涪陵、武隆、黔江、酉阳、彭水、南川等地。在彭水，分布于绍庆街道阿依河。		
应用价值	全草入药，具有滋补强壮、止血、止咳之功效。用于肝脾虚弱、劳伤吐血、内伤咯血、肺病咳喘、白带、无名肿毒。		

世纬苣苔 *Petrocodon scopulorus* (Chun) Yin Z. Wang

苦苣苔科 Gesneriaceae　石山苣苔属 *Petrocodon*

【形态特征】多年生小草本，具短根状茎。叶基生，椭圆形、椭圆状长圆形或窄倒卵形，长3～6cm，先端急尖，稀钝，基部楔形或宽楔形，边缘在基部之上有不规则浅齿，上面疏被短伏毛，下面沿中脉及侧脉疏被短曲毛，侧脉每侧4～5；叶柄长1.5～6cm，被白色伏毛及灰鳞片。聚伞花序腋生，有8～10花；花序梗长4～5cm，密被褐色柔毛；苞片2，对生。花5基数辐射对称；花梗丝形，长4～5mm；花萼钟状，5裂达基部，裂片披针状线形，长2.5～3mm；花冠近壶状，白色带粉红色，筒部长5～7mm，外面被疏柔毛，檐部5裂，裂片窄三角形，长约3mm，有3条脉；雄蕊5，着生花冠近基部，花丝窄线形，长约2.5mm，花药基着，近肾形，顶端有小尖头，药室近“个”字形，顶端汇合；花盘环状；雌蕊稍伸出花冠，长5.5～7mm，密被短伏毛，子房细圆锥状筒形，长2.5～3mm，1室，2侧膜胎座内伸，2裂，有多数胚珠，花柱长3～4mm，柱头1。蒴果线状披针形，长约1.5cm，褐色，无毛。

物候期	花期8月。	生　境	生于山地石崖阴处。
分　布	我国主要分布于重庆、贵州等省区。为重庆市新分布。在彭水，分布于绍庆街道阿依河。		
保护利用现状	中国特有植物，《中国生物多样性红色名录——高等植物卷》(2020)评为“CR(极危)”，主要采用原地保护。		
应用价值	全草入药，解表祛风、消肿。		

牛耳朵 *Primulina eburnea* (Hance) Yin Z. Wang

苦苣苔科 Gesneriaceae　报春苣苔属 *Primulina*

【形态特征】多年生草本，根状茎粗壮；叶均基生，肉质，卵形或狭卵形，长3.5～17cm，宽2～9.5cm，顶端微尖或钝，基部渐狭或宽楔形，边缘全缘，两面均被贴伏的短柔毛，有时上面毛稀疏，侧脉约4对；叶柄扁，长1～8cm，宽达1cm，密被短柔毛；花盘斜，高约2mm，边缘有波状齿；蒴果长4～6cm，粗约2mm，被短柔毛。

物候期	花果期4～7月。	生境	生于海拔200～1500m石灰山林中石上或沟边林下。
分布	我国主要分布于广东、广西、贵州、湖南、四川、重庆、湖北等省区。在重庆，分布于巫溪、奉节、云阳、开州、涪陵、石柱、彭水、南川、江津等地。在彭水，分布于大垭乡龙龟村。		
应用价值	全草入药，具有补虚、止咳、止血、除湿之功效。用于阴虚咳嗽、支气管炎、肺痨咳血、崩漏、带下病；外用治外伤出血、痈疮。		

大叶醉鱼草 ***Buddleja davidii* Franch.**

玄参科 Scrophulariaceae　　醉鱼草属 *Buddleja*

【形态特征】灌木，高达5m。幼枝、叶下面及花序均密被白色星状毛。叶对生，膜质或薄纸质，卵形或披针形，长1～20cm，宽0.3～7.5cm，先端渐尖，基部楔形，具细齿，上面初时疏被星状短柔毛，后脱落无毛，侧脉9～14对；叶柄间具2卵形或半圆形托叶，有时早落。总状或圆锥状聚伞花序顶生，长4～30cm；小苞片长2～5mm；花萼钟状，长2～3mm，被星状毛，后脱落无毛，内面无毛，裂片长1～2mm；花冠淡紫色、黄白色至白色，喉部橙黄色，芳香，花冠筒长0.6～1.1cm，内面被星状短柔毛，裂片长1.5～3mm，全缘或具不整齐锯齿；雄蕊着生花冠筒内壁中部。蒴果长圆形或窄卵圆形，长5～9mm，2瓣裂，无毛，花萼宿存。种子长椭圆形，长2～4mm，两端具长翅。

物候期	花期5～10月，果期9～12月。	生境	生于海拔800～3000m山坡、沟边灌丛中。
分布	我国主要分布于陕西、甘肃、江苏、浙江、江西、湖北、湖南、广东、广西、四川、重庆、贵州、云南和西藏等省区。在重庆，分布于丰都、涪陵、武隆、黔江、彭水、酉阳、南川、合川、江津等地。在彭水，分布于靛水街道摩围山。		
应用价值	全株入药，可祛风散寒、止咳、消积止痛；花可提取芳香油；为优美庭院观赏植物。		

紫苞爵床 *Justicia latiflora* Hemsl.

爵床科 Acanthaceae　　爵床属 *Justicia*

【形态特征】灌木；茎单一或少分枝，扭曲上升，4棱，疏被短毛；叶披针形、卵形或近圆形，连柄长7.5cm，全缘，先端长渐尖，基部楔形，有时变窄，两面沿中肋和脉上多少被硬毛，侧脉每边8～10；叶柄细长；花生于长5cm顶生的密穗状花序上，花序梗极短，苞片有色，被微柔毛，卵形或椭圆形，先端短渐尖，干后上部呈紫色；花萼长为苞片一半，被微毛，近不等5浅裂，裂片披针形，长0.75～1cm；花冠淡白红色，有条纹，外面被微柔毛，有肋条或具褶，上唇宽圆，内凹，下唇开展，宽3齿，冠檐裂圆，两侧片较窄，脉突出；雄蕊稍外伸；子房光滑，2室。

生　境	生于海拔600～1800m山坡密林中、山谷、路边。
分　布	我国主要分布于湖北、湖南、贵州、四川、重庆等省区。在重庆，分布于南川、万盛、綦江、江津、武隆、彭水等地。在彭水，分布于黄家镇。

圆叶挖耳草 *Utricularia striatula* Sm.

狸藻科 Lentibulariaceae　　狸藻属 *Utricularia*

【形态特征】陆生小草本。假根少数，丝状，不分枝。匍匐枝丝状，具分枝。叶器多数，簇生成莲座状和散生于匍匐枝上，花期宿存，具细长的假叶柄；口侧生。花序直，上部具1～10朵疏离的花，无毛；花序梗丝状，具少数鳞片；苞片和小苞片与鳞片相似，中部着生。花梗丝状；花萼2裂达基部，裂片极不相等：花冠白、粉红或淡紫色，下唇多少不规则5裂，喉部具黄斑，喉凸稍隆起；花丝线形，上部膨大，药室近分离；子房球形，花柱短而明显，柱头平截。蒴果背腹扁，果皮膜质，室背开裂。种子梨形，基部以上散生倒钩毛。

生　境	生于海拔200～3600m潮湿的岩石或树干上，常生于苔藓丛中。
分　布	我国主要分布于安徽南部、浙江、福建、台湾、江西、湖北、湖南、广东、海南、广西、贵州、云南、四川、西藏东部等省区。在重庆，分布于江津、彭水等地。在彭水，分布于绍庆街道阿依河。
应用价值	全草入药，用于中耳炎。

牡荆 *Vitex negundo* var. *cannabifolia* (Siebold & Zucc.) Hand.-Mazz.

马鞭草科 Verbenaceae 牡荆属 *Vitex*

【形态特征】落叶灌木或小乔木；小枝四棱形。叶对生，掌状复叶，小叶5，少有3；小叶片披针形或椭圆状披针形，顶端渐尖，基部楔形，边缘有粗锯齿，表面绿色，背面淡绿色，通常被柔毛。圆锥花序顶生，长10～20cm；花冠淡紫色。果实近球形，黑色。

物候期	花期6～7月，果期8～11月。	生境	生于海拔1000m以下山坡、路边或灌丛中。
分布	我国主要分布于华东、河北、湖南、湖北、广西、广东，以及西南东部等省区。重庆全市均有分布。在彭水，分布于大垭乡龙龟村。		
应用价值	茎皮可造纸及制人造棉；茎叶治久痢；种子为清凉性镇静、镇痛药；根可以驱蛲虫；花和枝叶可提取芳香油。		

海州常山 *Clerodendrum trichotomum* Thunb.

唇形科 Lamiaceae　大青属 *Clerodendrum*

【形态特征】小乔木或灌木状，高达10m。幼枝、叶柄、花序轴稍被黄褐色柔毛或近无毛，老枝具淡黄色薄片层状髓心。叶卵形或卵状椭圆形，长5～16cm，先端渐尖，基部宽楔形或平截，全缘，稀波状，两面幼时被白色柔毛；叶柄长2～8cm。伞房状聚伞花序，花序梗长3～6cm；苞片椭圆形，早落。花萼绿白色或紫红色，5棱，裂片三角状披针形；花冠白色或粉红色，芳香，冠筒长约2cm，裂片长椭圆形，长0.5～1cm。核果近球形，径6～8mm，蓝紫色，为宿萼包被。

物候期	花果期6～11月。	生境	生于山坡林下或灌丛中。
分布	我国主要分布于辽宁、甘陕及华北、中南、西南等省区。在重庆，分布于万州、涪陵、石柱、武隆、酉阳、黔江、秀山、南川、合川、荣昌、彭水等地。在彭水，分布于国有林场太原镇管护站。		
应用价值	根、枝、叶入药，具有祛风除湿、清热利尿、止痛、降血压之功效。用于风湿关节痛、半身不遂、偏头痛、高血压症、疟疾、痢疾、痔疮、痈疽疥癣、小儿疳积、跌打损伤。带宿萼花或幼果入药，具有祛风湿、平喘之功效。花入药，用于头风、疟疾、疝气。		

白花泡桐 *Paulownia fortunei* (Seem.) Hemsl.

泡桐科 Paulowniaceae 泡桐属 *Paulownia*

【形态特征】落叶大乔木，高可达20m，树皮灰褐色；幼枝、叶柄、叶下面和花萼、幼果密被黄色星状茸毛。叶心状卵圆形至心状长卵形，长可达20cm，全缘。聚伞圆锥花序顶生，侧枝不发达，小聚伞花序有花3～8，头年秋生花蕾；总花梗与花梗近等长；花萼倒卵圆形，长2cm，5裂达1/3，裂片卵形，果期变为三角形；花冠白色，内有紫色斑，外被星状茸毛，长达10cm，筒直而向上逐渐扩大，上唇2裂，反卷，下唇3裂，开展。蒴果大，长达8cm，室背2裂，外果皮硬壳质。

物候期	花期3～4月，果期7～8月。	生境	生于低海拔的山坡、林中、山谷及荒地。
分布	我国主要分布于安徽、浙江、福建、台湾、江西、湖北、湖南、四川、重庆、云南、贵州、广东、广西等省区。在重庆，各区县均有分布。在彭水，分布于诸佛乡。		
应用价值	适于庭院、公园、广场、街道作庭荫树或行道树。		

冬青 *Ilex chinensis* Sims

冬青科 Aquifoliaceae　冬青属 *Ilex*

【形态特征】常绿乔木，高达13m。幼枝被微柔毛。叶椭圆形或披针形，稀卵形，长5～11cm，先端渐尖，基部楔形，具圆齿，无毛，侧脉6～9对；叶柄长0.8～1cm。复聚伞花序单生叶腋；花序梗长0.7～1.4cm，二级轴长2～5mm；花梗长2mm，无毛。花淡紫色或紫红色，4～5基数；花萼裂片宽三角形；花瓣卵形；雄蕊短于花瓣；退化子房圆锥状。雌花序为一至二回聚伞花序，具3～7花；花序梗长0.3～1cm，花梗长0.6～1cm；花被同雄花；退化雄蕊长为花瓣的1/2。果长球形，长1～1.2cm，径6～8mm，熟时红色；分核4～5，窄披针形，长0.9～1.1cm，背面平滑，凹形，内果皮厚革质。

物候期	花期4～6月，果期7～12月。
生境	生于海拔500～1000m山坡常绿阔叶林中和林缘。
分布	我国主要分布于江苏、安徽、浙江、江西、福建、台湾、河南、湖北、湖南、广东、广西、重庆等省区。在重庆，分布于城口、巫山、奉节、秀山、南川、北碚、璧山、江津、彭水等地。在彭水，分布于石盘乡、朗溪乡。
应用价值	我国常见的庭园观赏树种；木材坚韧，为细工原料；树皮、种子、叶、根可入药；树皮含鞣质，可提制栲胶；树皮及种子为强壮剂，有较强的抑菌和杀菌作用；叶及根可清热解毒、消炎、消肿镇痛。

轮钟草 *Cyclocodon lancifolius* (Roxb.) Kurz

桔梗科 Campanulaceae　　轮钟草属 *Cyclocodon*

【形态特征】直立或蔓生草本，有乳汁，通常全部无毛。茎高可达3m，中空，分枝多而长，平展或下垂。叶对生，稀3枚轮生，卵形、卵状披针形或披针形，长6～15cm，具短柄。花常5～6，通常单朵顶生兼腋生，有时3朵组成聚伞花序，花梗或花序梗长1～10cm；花梗中上部或在花基部有1对丝状小苞片；花萼仅贴生至子房下部，裂片（4～）5（～7），相互远离，丝状或线形，边缘有分枝状细长齿；花冠白色或淡红色，管状钟形，长约1cm，5～6裂至中部，裂片卵形或卵状三角形；雄蕊5～6，花丝与花药等长，基部宽成片状，边缘具长毛；花柱有或无毛，柱头（4～）5～6裂；子房（4～）5～6室。浆果球状，（4～）5～6室，熟时紫黑色，径0.5～1cm。种子呈多角体。

物候期	花期7～10月。	生　境	生于海拔1500m以下林内、灌丛或草地上。
分　布	我国主要分布于华东南部、华中南部、华南至西南东部等省区。在重庆，分布于云阳、武隆、酉阳、南川、巴南、江津、彭水等地。在彭水，分布于太原镇高桥村。		
应用价值	根药用，有益气补虚、祛瘀止痛之效。		

小花三脉紫菀 *Aster ageratoides* var. *micranthus* Y. Ling

菊科 Asteraceae　　紫菀属 *Aster*

【形态特征】叶线状披针形，薄纸质，两面近无毛，网脉间隙多少呈泡状，中部叶长6～17cm，宽0.4～1.5cm，有疏浅齿或近全缘，细尖；头状花序小；总苞长3～4mm，径4～5mm，质薄，顶端紫褐色或绿色；舌片线形，白色，长4～5mm；管状花及冠毛长4mm；茎高60～100cm，细，多分枝；头状花序排列成腋生和顶生的伞房状；花序梗纤细。

生　境	生于林下和灌丛中。
分　布	我国主要分布于四川、重庆等省区。在重庆，分布于南川、彭水等地。在彭水，分布于靛水街道摩围山。
应用价值	全草或根入药，具有清热解毒、祛痰镇咳、凉血止血之功效。治感冒发热、扁桃体炎、支气管炎、肝炎、肠炎、痢疾、热淋、血热吐衄、痈肿疔毒、蛇虫咬伤。

亮叶紫菀 *Aster nitidus* C. C. Chang

菊科 Asteraceae　　紫菀属 *Aster*

【形态特征】灌木，多分枝，弯垂或倾斜，长50～120cm，有棱及沟，有凸起的叶痕和腋芽；二年或三年生枝紫褐色或锈色，无毛；当年枝通常长不超过10cm，黄褐色或紫色，被疏毛，上部错杂的密毛，枝下部有较密的叶；叶卵圆形至椭圆状披针形，长2.5～4.5cm，稀达7cm，宽0.5～1.5cm，顶端尖或有小尖头，全缘或近全缘，基部急狭成长1.5～3mm的柄；上部叶渐小，披针形或线状披针形，渐细尖；全部叶近革质，两面有光泽，无毛，但边缘及沿脉有微糙毛，离基三出脉在下面稍凸起，网脉显明；头状花序径2.5～3cm，3～6个在枝端排列成伞房状；花序梗细，长2.5～4cm，有线形苞叶；总苞宽倒锥形，长6～7mm，径7～8mm；总苞片约3层，外层长4～5mm，宽0.5mm，内2层近等长，长6mm，宽1.5mm，各层全缘或上部撕裂，有绿色中脉，边缘宽膜质；瘦果长圆形，稍扁，长约2mm，基部稍狭，被短疏毛。

物候期	花期4～5月。	生　境	生于海拔200～600m低山石壁上。
分　布	我国主要分布于四川、重庆等省区。在重庆，分布于石柱、武隆、酉阳、南川、彭水等地。在彭水，分布于汉葭街道亭子村安家湾。		
应用价值	全草入药，清热解毒。		

山蟛蜞菊 *Indocypraea montana* (Blume) Orchard

菊科 Asteraceae　　山蟛蜞菊属 *Indocypraea*

【形态特征】直立草本；茎高60～80cm，圆柱形，分枝，有沟纹，被糙毛或老时脱毛，节间长4～10cm，在上部有时达15cm；叶有长达1～2cm的柄，叶卵形或卵状披针形，连叶柄长6～11cm，宽3～4cm，基部浑圆或楔形，顶端渐尖，边缘有圆齿或细齿，两面被基部为疣状的糙毛，有时下面的毛细密，近基出三脉，在上面平坦，在下面略凸起，中脉中上部常有1～2对侧脉，网脉不明显；上部叶小，披针形，有短柄，连叶柄长4～5cm，宽10～17mm；冠毛2～3个，短刺芒状，生于冠毛环上；瘦果倒卵状三棱形，略扁，长约5mm，宽约为长的1/2，红褐色而具白色疣状突起，顶端收缩成浑圆，上部被细短毛，收缩部分的毛较密。

物候期	花期4～10月。	生　境	生于海拔500～800m溪边、路旁或山区沟谷中。
分　布	我国主要分布于南部和西南部各省区。重庆新分布。在彭水，分布于绍庆街道阿依河。		
应用价值	全草治月经不调、透麻疹、闭经、奶少。		

菊状千里光 *Jacobaea analoga* (DC.) Veldkamp

菊科 Asteraceae　　疆千里光属 *Jacobaea*

【形态特征】多年生近葶状草本。茎疏被蛛丝状毛，或变无毛。基生叶花期存在或凋落。基生叶和最下部茎生叶卵状椭圆形、卵状披针形或倒披针形，长8～10cm，基部微心形或楔形，具齿，不裂或大头羽状分裂，顶裂片较大而宽，具齿，侧裂片1～4对，上面无毛，下面有疏蛛丝状毛至无毛，侧脉8～9对，叶柄长达10cm，基部扩大；中部茎生叶长圆形或倒披针状长圆形，长5～22cm，大头羽状浅裂或羽状浅裂，耳具齿或细裂，半抱茎；上部叶渐小，长圆状披针形或长圆状线形，具羽状齿。头状花序有舌状花，排成顶生伞房或复伞房花序，花序梗被蛛丝状茸毛或黄褐色柔毛，或变无毛，有线形苞片和2～3线状钻形小苞片；总苞钟状，径3～7mm，外层苞片8～10，线状钻形，总苞片10～13，长圆状披针形。舌状花10～13，舌片黄色，长圆形，长约6.5mm，管状花多数，花冠黄色，长5～5.5mm。瘦果圆柱形，全部或管状花的瘦果有疏柔毛，有时舌状花或全部小花的瘦果无毛；冠毛污白色或禾秆色，稀淡红色；全部瘦果均有冠毛，或舌状花的瘦果无冠毛。

物候期	花期4～11月。
生　境	生于海拔1100～3750m林下、林缘、开旷草坡、田边或路边。
分　布	我国主要分布于西藏、重庆、贵州、湖北、湖南、云南等省区。在重庆，分布于城口、彭水、酉阳、南川、綦江等地。在彭水，分布于靛水街道摩围山。
应用价值	全草或根入药，具有活血、消肿之功效。用于跌打损伤、瘀积肿痛、痈疮肿疡、乳痈。

皱叶荚蒾 *Viburnum rhytidophyllum* Hemsl.

五福花科 Adoxaceae　　荚蒾属 *Viburnum*

【形态特征】常绿灌木或小乔木。幼枝、芽、叶下面、叶柄及花序均被黄白色、黄褐色或红褐色厚茸毛，毛的分枝长0.3～0.7mm。当年小枝粗，稍有棱角，二年生小枝无毛，散生圆形小皮孔，老枝黑褐色。叶革质，卵状长圆形或卵状披针形，长8～18（～25）cm，全缘或有不明显小齿，上面深绿色有光泽，幼时疏被簇状柔毛，后无毛。叶脉深凹呈皱纹状，侧脉6～8（～12）对，近缘网结，稀直达齿端；叶柄粗，长1.5～3（～4）cm。聚伞花序稠密，径7～12cm，总花梗粗，长1.5～4（～7）cm，第1级辐射枝通常7，四角状。花生于第3级辐射枝，无梗；萼筒筒状钟形，长2～3mm，被黄白色茸毛，长2～3mm，萼齿宽三角状卵形，长0.5～1mm；花冠白色，辐状，径5～7mm，几无毛，裂片圆卵形，长2～3mm，稍长于筒部；雄蕊高出花冠。果熟时红色，后黑色，宽椭圆形，长6～8mm，无毛；核宽椭圆形，两端近平截，扁。

物候期	花期4～5月，果期9～10月。	生　境	生于海拔800～2400m山坡林下或灌丛中。
分　布	我国主要分布于陕西、湖北、四川、重庆、贵州等省区。在重庆，分布于城口、巫溪、巫山、奉节、万州、石柱、武隆、彭水、酉阳等地。在彭水，分布于靛水街道摩围山。		
应用价值	茎皮纤维可制绳索。		

灰毡毛忍冬 *Lonicera guillonii* var. *macranthoides* (Hand.-Mazz.) Z. H. Chen & X. F. Jin

忍冬科 Caprifoliaceae　　忍冬属 *Lonicera*

【形态特征】藤本。幼枝或其顶梢及总花梗有薄茸状糙伏毛，有时兼具微腺毛，后近无毛，稀幼枝下部有开展长刚毛。叶革质，卵形、卵状披针形、长圆形或宽披针形，长6～14cm，上面无毛，下面被灰白色或带灰黄色毡毛，并散生暗橘黄色微腺毛，网脉蜂窝状；叶柄长0.6～1cm，有薄茸状糙毛，有时具长糙毛。花香，双花常密集小枝梢成圆锥状花序；总花梗长0.5～3mm；苞片无柄，披针形或线状披针形，长2～4mm，连同萼齿外面有细毡毛和缘毛。小苞片圆卵形或倒卵形，长约为萼筒之半，有糙缘毛；萼筒有蓝白色粉，无毛或上半部或全部有毛，长约2mm，萼齿三角形，长1mm；花冠白色至黄色，长3.5～4.5（～6）cm，外被倒糙伏毛及橘黄色腺毛，唇形，筒纤细，内面密生柔毛，与唇瓣等长或较长，上唇裂片卵形，基部具耳，两侧裂片裂隙深达1/2，中裂片长为侧裂片之半，下唇线状倒披针形，反卷；雄蕊生于花冠筒顶端，连同花柱伸出而无毛。果熟时黑色，有蓝白色粉，圆形，径0.6～1cm。

物候期	花期6月中至7月上旬，果期10～11月。
生境	生于海拔500～1800m山谷溪旁、山坡、山顶混交林内或灌丛中。
分布	我国主要分布于安徽、浙江、江西、福建、湖北、湖南、广东、广西、四川、重庆、贵州等省区。在重庆，分布于酉阳、秀山、南川、彭水等地。在彭水，分布于国有林场太原镇管护站。
应用价值	以花入药，为“山银花”中药材的主要品种之一，有清热解毒、疏散风热之功效。

海金子 *Pittosporum illicioides* Makino

海桐科 Pittosporaceae　　海桐属 *Pittosporum*

【形态特征】常绿灌木，高达5m。幼枝无毛。叶3～8簇生枝顶，呈假轮生状，薄革质，倒卵形或倒披针形，长5～10cm，宽2.5～4.5cm，先端渐尖，基部窄楔形，侧膜6～8对；叶柄长0.7～1.5cm。伞形花序顶生，有2～10花，苞片细小，早落。花梗长1.5～3.5cm，下弯，萼片卵形，长2mm，先端钝；花瓣长8～9mm；雄蕊长6mm；子房被糠秕或有微毛，子房柄短；侧膜胎座3，每胎座5～8胚珠，生于子房内壁中部。蒴果近圆形，长0.9～1.2cm，略呈三角形，或有纵沟3条，子房柄长1.5mm，3瓣裂，果瓣薄木质：果柄纤细，长2～4cm，下弯。种子8～15，长3mm，种柄短而扁平，长1.5mm。

生　境	生于山坡林中或山谷溪旁。
分　布	我国主要分布于华东、湖南、湖北、重庆、贵州等省区。在重庆，分布于云阳、梁平、石柱、武隆、黔江、酉阳、秀山、南川、长寿、合川、铜梁、大足、永川、彭水等地。在彭水，分布于高谷镇黄坡岭。
应用价值	茎入药，用于胃脘痛。

黄毛楤木 *Aralia chinensis* L.

五加科 Araliaceae　　楤木属 *Aralia*

【形态特征】灌木。小枝密被黄褐色茸毛，具细刺。二回羽状复叶，长达1.2m，叶轴及羽片轴密被黄褐色茸毛；羽片具7～13小叶，革质，卵形或长圆状卵形，长7～15cm，先端渐尖或尾尖，基部圆，稀近心形，具细尖齿，两面密被黄褐色茸毛，侧脉6～8对。圆锥花序长达60cm，密被黄褐色茸毛，疏生细刺，伞形花序径约2.5cm，具30～50花，花序梗长2～4cm，花梗长0.8～1.5cm，密被茸毛；花淡绿白色；萼无毛；花柱5，基部连合，上部离生。果球形，径约4mm，具5棱，黑色。

物候期	花期9～10月，果期11～12月。	生境	生于海拔1200m以下阳坡或疏林地。
分布	我国主要分布于广西、贵州、广东、江西、安徽、重庆、福建、台湾等省区。重庆全市均有分布。在彭水，分布于高谷镇庞溪村。		
应用价值	根皮药用，治风湿证、肝炎及肾炎。		

树参 *Dendropanax dentiger* (Harms) Merr.

五加科 Araliaceae　　树参属 *Dendropanax*

【形态特征】乔木或灌木；高4～10m；小枝有不规则皱纹，一年生的棕紫色，无毛；叶厚纸质或革质，叶形变异很大，全缘叶椭圆形至线状披针形，先端渐尖，基部钝形或楔形，分裂叶倒三角形，掌状2～3深裂或浅裂，稀5裂；伞形花序顶生，单生或聚生成复伞形花序；总花梗粗壮，花瓣5，三角形或卵状三角形；雄蕊5，花柱5，基部合生，顶端离生；果实长圆状球形，稀近球形，花柱宿存。

物候期	花期8～10月，果期10～12月。	生境	生于200～1500m常绿阔叶林或灌丛中。

分布：我国主要分布于华东中南部、华中南部、华南北部至西南东部。在重庆，分布于秀山、南川、江津、彭水等地。在彭水，分布于国有林场太原镇管护站。

应用价值：根、树皮、茎枝、叶入药，具有祛风除湿、舒筋活络、活血之功效。用于风湿痹症、腰腿痛、半身不遂、偏瘫、跌打损伤、扭挫伤、偏头痛、臂痛、月经不调。

细柱五加 *Eleutherococcus nodiflorus* (Dunn) S. Y. Hu

五加科 Araliaceae 五加属 *Eleutherococcus*

【形态特征】灌木，有时蔓生状，高2～3m；枝无刺或在叶柄基部单生扁平的刺。掌状复叶在长枝上互生，在短枝上簇生；小叶5，稀3～4，中央一片最大，倒卵形至披针形，长3～8cm，宽1～3.5cm，先端尖或短渐尖，基部楔形，边缘有钝细锯齿，两面无毛或沿脉疏生刚毛，下面脉腋有淡棕色毛。伞形花序腋生，或单生于短枝上；花黄绿色；萼边缘有5齿；花瓣5；雄蕊5；子房下位，2（～3）室；花柱2（～3），丝状，分离，开展。果近球形，侧扁，成熟时黑色，直径5～6mm。

生　境	生于灌木丛林、林缘、山坡路旁和村落中。
分　布	我国主要分布于陕西、四川、重庆、湖南等省区。在重庆，分布于万州、酉阳、南川、江北、长寿、彭水等地。在彭水，分布于润溪乡。
应用价值	根皮供药用，中药称“五加皮”，作祛风化湿药；又作强壮药，据称能强筋骨。

白簕 *Eleutherococcus trifoliatus* (L.) S. Y. Hu

五加科 Araliaceae　五加属 *Eleutherococcus*

【形态特征】灌木，常蔓生状。小枝细长，疏被钩刺。小叶3（4～5），卵形、椭圆状卵形或长圆形，长4～10cm，先端尖或渐尖，基部楔形，具锯齿，无毛，或上面疏被刚毛，侧脉5～6对；叶柄长2～6cm，有时疏被细刺，小叶柄长2～8mm。伞形花序径1.5～3.5cm，3～10组成顶生复伞形或圆锥状花序，花序梗长2～7cm。花梗长1～2cm，无毛；萼齿5，无毛；子房2室，花柱2，中部以上离生。果球形，侧扁，径约5mm，黑色。

物候期	花期8～11月，果期9～12月。	生　境	生于山坡、沟谷、林缘、灌丛中。
分　布	我国主要分布于中部和南部省区。在重庆，分布于云阳、石柱、武隆、秀山、南川、璧山、江津、铜梁、永川、荣昌、彭水等地。在彭水，分布于朗溪乡、黄家镇、绍庆街道阿依河。		
应用价值	根及根皮药用，可清热解毒、祛风湿、舒筋活血。		

穗序鹅掌柴 *Heptapleurum delavayi* Franch.

五加科 Araliaceae 鹅掌柴属 *Heptapleurum*

【形态特征】小乔木。小枝密被黄褐色星状毛。小叶4～7，卵状长椭圆形或卵状披针形，长8～24cm，基部钝圆，全缘或疏生不规则牙齿，幼树之叶常羽状分裂，下面密被灰白色或黄褐色星状毛，侧脉8～12（～15）对；叶柄长12～25cm，小叶柄长1～10cm。穗状花序组成圆锥状，密被星状茸毛。花无梗；萼具5齿；花瓣三角状卵形，白色；雄蕊5；子房4～5室，花柱柱状。果球形，紫黑色，径约4mm；果柄长约1mm。

物候期	花期10～11月，果期翌年1月。	生境	生于海拔600～3000m常绿阔叶林中。
分布	我国主要分布于云南、贵州、四川、重庆、湖北、湖南、广西、广东、江西以及福建等省区。在重庆，分布于万州、石柱、武隆、酉阳、南川、江津、璧山、铜梁、彭水等地。在彭水，分布于太原镇高桥村。		
应用价值	根及根皮药用，祛风湿、强筋骨，治跌打损伤、肾虚腰痛、咽喉肿痛、皮炎、湿疹。		

通脱木 *Tetrapanax papyrifer* (Hook.) K. Koch

五加科 Araliaceae　通脱木属 *Tetrapanax*

【形态特征】灌木或小乔木，无刺，高1～3.5m；茎髓大，白色，纸质。叶大，集生茎顶，直径50～70cm，基部心形，掌状5～11裂，裂片浅或深达中部，每一裂片常又有2～3个小裂片，全缘或有粗齿，上面无毛，下面有白色星状茸毛；叶柄粗壮，长30～50cm；托叶膜质，锥形，基部合生，有星状厚茸毛。伞形花序聚生成顶生或近顶生大型复圆锥花序，长达50cm以上；苞片披针形，密生星状茸毛；花白色；萼密生星状茸毛，全缘或几全缘；花瓣4，稀5；雄蕊4，稀5；子房下位，2室；花柱2，分离，开展。果球形，熟时紫黑色，径约4mm。

物候期	花期10～12月，果期次年1～2月。	生　境	生于山坡或村舍旁向阳肥厚土上。
分　布	我国主要分布于秦岭淮河以南各省区。在重庆，分布于云阳、垫江、南川、北碚、潼南、永川、荣昌、彭水等地。在彭水，分布于太原镇、龙射镇。		
应用价值	茎髓即中药“通草”，为利尿剂，并有清热解毒、消肿通乳等之功效。		

川鄂囊瓣芹 *Pternopetalum rosthornii* (Diels) Hand.-Mazz.

伞形科 Apiaceae 囊瓣芹属 *Pternopetalum*

【形态特征】多年生草本，高达80cm。茎1～2。叶一至二回三出分裂，小裂片长圆状卵形或卵状披针形，长1～11cm，宽0.5～2.5cm，先端尾状，基部楔形，有重锯齿；茎生叶2～5，无柄或有短柄。复伞形花序无总苞片；伞辐（7～）15～30（～40），长2～4cm，小总苞片2～3，披针形；伞形花序有2～3花。萼齿钻形；花瓣白色，倒卵形，基部窄；花柱基圆锥形，花柱长，直伸。果卵球形，长约3mm，宽约2mm；果棱粗糙；每棱槽1～3油管，合生面2～4油管。

物候期	花果期4～8月。
生境	生于海拔900～1800m山谷坡地、河边、竹林下、林缘、潮湿岩缝中。
分布	我国主要分布于四川、重庆、湖北等省区。在重庆，分布于奉节、南川、彭水等地。在彭水，分布于国有林场太原镇管护站。
应用价值	全草入药，散寒解毒、收敛止血、消炎。

直刺变豆菜 *Sanicula orthacantha* S. Moore

伞形科 Apiaceae　　变豆菜属 *Sanicula*

【形态特征】多年生草本，高达35（~50）cm。茎直立，上部分枝。基生叶圆心形或心状五角形，长2~7cm，宽3.5~7cm，掌状3全裂，侧裂片常2裂至中部或近基部，有不规则锯齿；叶柄长5~26cm；茎生叶稍小于基生叶，具柄，掌状3裂。花序常2~3分枝；总苞片3~5，长约2cm；伞形花序有雄花5~6，两性花1。萼齿窄线形或刺毛状，长达1mm；花瓣白色、淡蓝色或淡紫红色，倒卵形，先端内凹。果卵形，长2.5~3mm，有短直皮刺，有时皮刺基部连成薄片，油管不明显。

物候期	花期4~9月。	生　境	生于海拔260~3200m山涧林下、沟谷和溪边。
分　布	我国主要分布于安徽、浙江、江西、福建、湖南、广东、广西、陕西、甘肃、四川、重庆、贵州、云南等省区。在重庆，分布于城口、巫溪、巫山、南川、彭水等地。在彭水，分布于联合乡龙池村。		
应用价值	全草入药，具有清热解毒之功效。用于麻疹后热毒未尽、耳热瘙痒、跌打损伤。		

彭水变豆菜 *Sanicula pengshuiensis* M. L. Sheh & Z. Y. Liu

伞形科 Apiaceae　　变豆菜属 *Sanicula*

【形态特征】多年生草本，高20～25cm。茎直立，光滑无毛。基生叶多数，叶柄长20～28cm，常带紫色；叶鞘椭圆形，边缘膜质；叶片纸质，近圆形或宽卵形，掌状3全裂，长5～10cm，宽5～9cm，叶片边缘具浅锯齿，锯齿顶端具刺毛状尖头，两面无毛。花序多分枝，花序梗较长，组成聚伞状，总苞片5～6，细小；伞辐5～11，小总苞片5，线形；伞形花序有雄花4～5，花梗长约2mm，两性花1，位于小伞形花序中央，近无柄；萼齿线形或呈刺毛状，花柱长于萼齿3.5～4倍。果实长圆形，长2～2.5mm，宽1～1.7mm，表面密生短而直的皮刺，果棱粗，明显突起；果棱基部有油管1，合生面油管2。

物候期	花果期4～9月。	生　境	生于海拔200～600m岸边、山坡阴湿处。
分　布	彭水县特有植物。主要分布于润溪乡。		
应用价值	全草入药，润肺止咳、行血通经。		

参 考 文 献

中国科学院中国植物志编委会. 1959-2014. 中国植物志. 北京: 科学出版社.

Wu Z Y, Raven P H, Hong D Y, et al. 1994-2011. Flora of China. Beijing: Science Press, St. Louis: Missouri Botanical Garden Press.